シカク マル サンカク

□○△で描いて、その場でわかる

シンプル図解

何でも伝え、何でもまとめる

ストラクチャード コミュニケーション

加島 一男 著

JN108179

はじめに

本書を手に取っていただき、ありがとうございます。

IT業界で活動し、本書を手に取ったあなたは、コミュニケーションにどのような悩みや問題を抱えていますか。私の周りで聞かれる、コミュニケーションの悩みには次のようなものがあります。

自分の意見や考えを伝えるときに、

- 時間がかかる。
- わかりにくいと言われる。
- 伝わっていないことがある。

相手の意見や考えを聞くときに、

- メモを取っているが後でわからなくなる。
- 誤解から手戻り作業や作業モレが発生する。

本書では、このようなコミュニケーションにおける悩みや問題を解決するための技法「ストラクチャードコミュニケーション」を解説します。

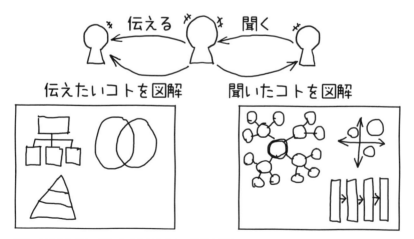

図1　伝えたいこと・聞いたことを□○△で図解し解決

ストラクチャードコミュニケーションとは、伝えたいこと・聞いたことをその場で構造化し、□○△を組み合わせてシンプルに図解、視覚化する技法です。このシンプル図解を相手と共有することで、「すぐわかる」が実現できます。

　シンプル図解の目的は、「速く確実な相互理解」です。このようなコミュニケーションは、IT業界のように技術の変化が速く、その利用場面が急速に広がり、実現手段も多様になり、求められる効果も複雑化する中では、とても重宝されます。

　例えば、3回かかっていたヒアリングを1回でできると、他社より圧倒的に速く提案ができます。例えば、誤解による手戻り作業がなくなれば、新しい作業が可能になり生産性も大幅に向上します。このように進めることができれば、精神衛生上もとてもよいですね。

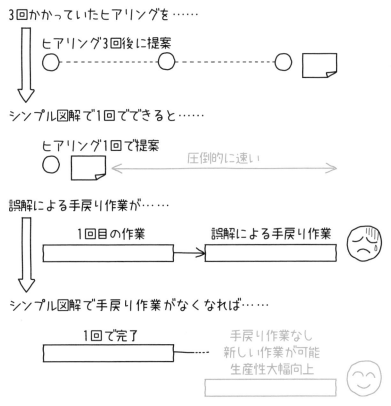

図2　シンプル図解は速く確実な相互理解を実現

本書では、このような課題に対してシンプル図解を描くことで業績を向上させる技法を解説します。

　本書を読んで、できることからシンプル図解を実践してください。最初はちょっと恥ずかしいかもしれません。しかし、何度かシンプル図解をしていると、突然「すぐわかる」効果を実感できるときが来ます。その効果を体験してしまうと、最初の恥ずかしさなんて吹っ飛んじゃいます。

　「すぐわかる」を3カ月続けていくと、次のような「速く確実な相互理解」を体感できるようになります。

- コミュニケーションのスピードが速くなり時間が短縮した。
- 相互理解が進み、誤解がなくなり、作業の手戻りがなくなった。

　さらに1年後には、あなたの業績が向上していることでしょう。

　実際、本書で紹介しているシンプル図解は、すでにビジネスの現場で使われています。どのように使われているのかの例を、次のページで紹介しています。そちらも参考にしてください。

　アジャイルソフトウエア開発宣言に「プロセスやツールよりも個人との対話を、価値とする」という一説があります。さらにその背景には、「情報を伝えるもっとも効率的で効果的な方法は、フェイス・トゥ・フェイスで話をすることです」という原則があります。シンプル図解はこの原則に倣い、フェイス・トゥ・フェイスでのコミュニケーション技法を提供しています。

　IT業界でエンジニアやセールスエンジニアとして活動している皆さんにとって、個人やチーム、お客さまとのコミュニケーションを取る場面で、シンプル図解は必ず役に立つことでしょう。

　また、管理者の立場にいる方であれば、プロジェクトに関係する一人ひとりのコミュニケーションの質を向上させることで、プロジェクト全体の生産性や付加価値を向上させることに寄与できるでしょう。

　本書が、コミュニケーションにおける悩みや問題を解決し、皆さんのビジネスのスピードアップを通じて業績の向上に貢献できることを願っています。

2021年6月　加島 一男

シンプル図解、人気の秘密(体験談)

三森 朋宏・人材育成コンサルタント

　私がシンプル図解の実践者として活用している実感と、講座の担当講師として受講者から寄せられる感想から、その人気の秘密に迫りたいと思います。

　シンプル図解は、ホワイトボードを活用しています。ノートやメモ帳は、「自分のために使うもの」という隠れた前提があります。そのため、他人に見せること、他人から見せられることに抵抗が生じやすい、という面があります。一方でホワイトボードは、「他者と共有するもの」という前提があります。このため、情報共有が容易に行え、共通認識が得やすいという、コミュニケーションにおいて重要なツールといえます。

　図解の講座は他にも多くありますが、それらの講座の主な内容は、「図の描き方」「図の意味の説明」などです。それに対してシンプル図解の特徴は、「描きながら伝える」はもちろんですが、「描きながら聞く」「描きながら一緒に考える」をメソッドに加えていることにあります。

　「描きながら聞く」に似たものに、グラフィックレコーディングがあります。しかし、絵を描くのが苦手な人にとって、グラフィックレコーディングのハードルは高いと感じることでしょう。シンプル図解は、基本的に□○△からなるので、誰でも簡単に始められます。

　コンサルティングセールスにおけるインタビュー、会議ファシリテーション、図解によるプレゼンテーションなど幅広く応用可能な技術が得られ、ビジネスの場で即実践できることが、ストラクチャードコミュニケーション、シンプル図解の人気の秘密といえるのではないでしょうか。

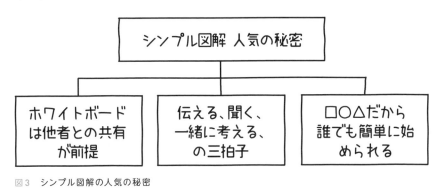

図3　シンプル図解の人気の秘密

本書の概要と使い方

● シンプル図解を始めよう!

　本書は、速く確実な相互理解を実現するコミュニケーション技法「シンプル図解」(正式名称「ストラクチャードコミュニケーション」)の解説書です。図解に使用するのは□○△なので、絵が苦手な人でも安心して取り組めます。

　本書は6つの章で構成され、描き方はもちろん、実際に役立つ、ビジネスの現場での活用事例を紹介しています。

　お客さまとのコミュニケーションはもちろん、チーム内での情報の共有や上司と部下の間で行うホウレンソウ、会議やプレゼンテーションの場で、ぜひ活用してください。

表1　本書の構成

章タイトル	内容
Chapter1 シンプル図解を始めよう! 〜目的と効果〜	本書で紹介する「シンプル図解」、ストラクチャードコミュニケーションの目的とその効果について紹介します。
Chapter2 シンプル図解の基本	シンプル図解の2つの要素「論理的な思考による情報の構造化」「直感的な表現として図解で視覚化」と、シンプル図解の3つの技法「手順」「種類」「実践法」について説明します。
Chapter3 シンプル図解のお手本・実践編	2つの要素と3つの技法を具体的にどう使うのか、実際にシンプル図解を使ってコミュニケーションする様子を紙面上で再現しています。
Chapter4 10個の基本構造をマスターしよう	シンプル図解で用意している10個の基本構造について説明しています。
Chapter5 シンプル図解を ビジネスの現場で活かそう!	ビジネスの現場で使える、シンプル図解を用いた事例を紹介します。
Chapter6 シンプル図解の活用に向けて	シンプル図解とフレームワークを組み合わせたり、オリジナルのキャンバスを作ることで、日々のコミュニケーションを速く確実に行うための事例を紹介します。

●IT業界の豊富な事例を参考にしよう!

本書は、IT業界で活躍する皆さんがシンプル図解を実践し、ビジネスに貢献できることを目的としています。このため、IT業界でよくある場面を想定し、現場で使えるような事例を豊富に紹介しています。

また、皆さんが実際に手を動かせるよう、「練習問題」を随所に用意しています。1枚の紙と1本のペンさえあれば、すぐに試すことができます。

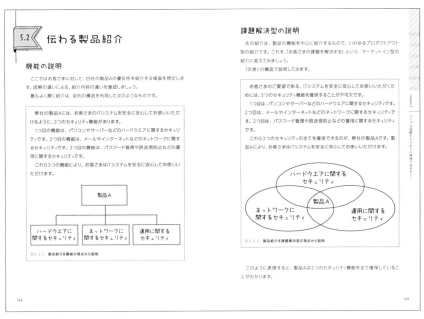

図1 IT業界での事例を紹介

●オンライン環境でもシンプル図解が大活躍!

新型コロナウイルス感染症拡大をきっかけに、日本でもテレワークが急速に進んでいます。シンプル図解はオンライン環境でも活用できます。オンライン会議と並行して、オンラインでファイルを共同編集できる機能(Zoomのホワイトボード、GoogleドライブやMicrosoft Teamsのファイル共同編集など)を使えば、音声と画像に加え、リアルタイムでシンプル図解を描きながらコミュニケーションでき、記録に残すことも簡単です。

はじめに …………………………………………………………… 002
本書の概要と使い方 ……………………………………………… 006

Chapter 1 シンプル図解を始めよう！
～目的と効果～

………… 015

1.1 伝えたい内容をお互いに理解することから始めよう …… 016

コミュニケーションの鍵は「相互理解」 ……………………………… 016
シンプル図解の目的 ……………………………………………… 017

1.2 シンプル図解がもたらす効果 ………………………… 018

職種別、場面別に期待できる図解の効果とは ……………………… 018
営業部門の場合 …………………………………………………… 018
技術部門の場合 …………………………………………………… 020
企画部門の場合 …………………………………………………… 020

1.3 コミュニケーションが苦手な人でも安心 …………… 022

苦手意識がビジネストラブルの原因に？ ………………………… 022
コミュニケーションスキルを身に付けて、問題を解決！ ………… 022

1.4 シンプル図解の特徴 …………………………………… 024

特徴1：図に描く………………………………………………… 024
特徴2：その場で描く …………………………………………… 025

1.5 シンプル図解の要素 …………………………………… 026

「論理的な思考」と「直感的な表現」で速く確実な相互理解 ……… 026
「伝える」スキルと「聞く」スキルの両方に対応 ………………… 026
速さと確実さを両立 ……………………………………………… 027

1.6 なぜ誤解が起きるのか、知っておこう ……………… 028

誤解を引き起こす三大要素 ……………………………………… 028
聞き間違い ………………………………………………………… 028
指示語の取り違い ………………………………………………… 029
関係の取り違い …………………………………………………… 030

1.7 シンプル図解の活用シーンを見てみよう …………… 032

伝えるシーンで大活躍！ ………………………………………… 032
聞くシーンで大活躍！ …………………………………………… 034
一緒に考えるシーンで大活躍！ ………………………………… 036

1.8 より効果的に活用するためのコツと準備 ……………… 038

話し手にも聞き手にも優しいシンプル図解 ……………… 038
必要なツールはホワイトボードとマーカーだけ！ ……………… 038
時には一緒に描いてみる ……………… 039

Chapter 2 シンプル図解の基本 ……………041

2.1 2つの要素で速く確実な相互理解を実現しよう ………… 042

シンプル図解の2つの要素 ……………… 042

2.2 3つの技術で速く確実な相互理解を実現しよう ………… 044

シンプル図解の3つの技術 ……………… 044
シンプル図解の手順 ……………… 046
シンプル図解の種類 ……………… 046
シンプル図解の実践法 ……………… 046

2.3 技術1：「構造化の手順（Step）」の全体像 ……………… 048

4つのStepでシンプル図解が描ける！ ……………… 048

2.4 技術1：[Step1] 必要な情報を収集する ……………… 050

情報を集めるときのポイント ……………… 050
インターネットで情報収集する際の注意点 ……………… 051

2.5 技術1：[Step2] 情報を分類し、話題にまとめる ……… 052

話題にまとめるときのポイント ……………… 052
個々の話題に題名を付ける ……………… 052

2.6 技術1：[Step3] 話題の関係から構造を決める ……… 054

構造を決める際のポイント ……………… 054

2.7 技術1：[Step4] 構造に従って表現する ……………… 056

図解で表現する際のポイント ～□○△で素早く描く～ ……………… 056
口頭で説明するときのポイント ……………… 056
「要約」の伝え方のポイント ……………… 058
「詳細」の伝え方のポイント ……………… 059
「まとめ」の伝え方のポイント ……………… 059

2.8 技術2：情報の構造の種類（Structure） ……………… 060

10個の基本構造 ……………… 060

情報の構造を選択するためのチャート ……………………………… 063

2.9 技術3：実践の型（Style） ……………… 066

3つの型で実践し、成果を出す ……………………………………… 066
あなたが話し手として自分の考えを「描きながら伝える」型 ……… 066
あなたが聞き手として相手の考えを「描きながら聞く」型 ………… 066
あなたが他者と対話して「描きながら一緒に考える」型 ………… 069

Chapter 3 シンプル図解のお手本・実践編 …… 071

3.1 「描きながら伝える」型でのコミュニケーション例 ……… 072

事例：シンプル図解の目的と情報の構造化の手順を紹介 ……… 072

3.2 「描きながら聞く」型でのコミュニケーション例 …………… 078

事例：コミュニケーションのポイントを聞く …………………… 078

3.3 親和図の役割と描き方 …………………………… 084

親和図で情報の収集と分類を同時に行う ……………………… 084
親和図で誤解を発見し、解消する ………………………………… 084
親和図を描いてみよう ……………………………………………… 086
親和図から構造化・視覚化 ……………………………………… 088

Chapter 4 10個の基本構造をマスターしよう …… 091

4.1 並列：話題が独立し横並び …………………… 092

「並列」の代表的な図解例と描き方 ……………………………… 092
並列の定義、特徴、主な伝達内容、口頭での表現方法 ………… 092
並列の具体例 ……………………………………………………… 093
並列のその他の例 ………………………………………………… 094
並列のフレームワーク …………………………………………… 095

4.2 順列：話題に順番がある …………………… 096

「順列」の代表的な図解例と描き方 ……………………………… 096
順列の定義、特徴、主な伝達内容、口頭での表現方法 ………… 096
順列の具体例 ……………………………………………………… 097
順列のその他の例 ………………………………………………… 098
順列のフレームワーク …………………………………………… 099

4.3 階層：話題に上下がある ································· 100

「階層」の代表的な図解例と描き方 ······················· 100
階層の定義、特徴、主な伝達内容、口頭での表現方法 ······· 100
階層の具体例 ·· 101
階層のその他の例 ······································ 102
階層のフレームワーク ··································· 103

4.4 段階：話題に上下があり時間で変化する ············· 104

「段階」の代表的な図解例と描き方 ······················· 104
段階の定義、特徴、主な伝達内容、口頭での表現方法 ······· 104
段階の具体例 ·· 105
段階のその他の例 ······································ 106
段階のフレームワーク ··································· 107

4.5 交差：話題が交わる集合 ···························· 108

「交差」の代表的な図解例と描き方 ······················· 108
交差の定義、特徴、主な伝達内容、口頭での表現方法 ······· 108
交差の具体例 ·· 109
交差のその他の例 ······································ 110
交差のフレームワーク ··································· 111

4.6 包含：話題が含まれる集合 ·························· 112

「包含」の代表的な図解例と描き方 ······················· 112
包含の定義、特徴、主な伝達内容、口頭での表現方法 ······· 112
包含の具体例 ·· 113
包含のその他の例 ······································ 114
包含のフレームワーク ··································· 115

4.7 比較：話題を比べる ································· 116

「比較」の代表的な図解例と描き方 ······················· 116
比較の定義、特徴、主な伝達内容、口頭での表現方法 ······· 116
比較の具体例 ·· 117
比較のその他の例 ······································ 118
比較のフレームワーク ··································· 119

4.8 配置：話題の位置付けを示す ························ 120

「配置」の代表的な図解例と描き方 ······················· 120
配置の定義、特徴、主な伝達内容、口頭での表現方法 ······· 120
配置の具体例 ·· 121
配置のその他の例 ······································ 122

配置のフレームワーク ･････････････････････････････････ 123

4.9 相関:話題の相互関係を示す ･････････････ 124

「相関」の代表的な図解例と描き方 ････････････････････ 124
矢印の使い方 ･･･････････････････････････････････････ 124
相関の定義、特徴、主な伝達内容、口頭での表現方法･･･ 125
相関の具体例 ･･･････････････････････････････････････ 126
相関のその他の例 ･･･････････････････････････････････ 127
相関のフレームワーク ･･･････････････････････････････ 128

4.10 推移:話題の構造が時間で変化する ･････ 129

「推移」の代表的な図解例と描き方 ････････････････････ 129
推移の定義、特徴、主な伝達内容、口頭での表現方法･･･ 129
推移の具体例 ･･･････････････････････････････････････ 130
推移のその他の例 ･･･････････････････････････････････ 131
推移のフレームワーク ･･･････････････････････････････ 132

Chapter 5 シンプル図解を ビジネスの現場で活かそう!

･･････････････133

5.1 伝わる自己紹介 ･･････････････････････････ 134

自己紹介のサンプル ･････････････････････････････････ 134
自己紹介の文を親和図で表してみると ････････････････ 135
「並列」の構造で描いてみる ･････････････････････････ 136
「順列」の構造で描いてみる ･････････････････････････ 136
「段階」の構造で描いてみる ･････････････････････････ 138
「交差」の構造で描いてみる ･････････････････････････ 138
「比較」の構造で描いてみる ･････････････････････････ 138
「配置」の構造で描いてみる ･････････････････････････ 140
「相関」の構造で描いてみる ･････････････････････････ 140
主眼が異なれば構造も異なる ･･･････････････････････ 140

5.2 伝わる製品紹介 ･･････････････････････････ 144

機能の説明 ･･･ 144
課題解決型の説明 ･･･････････････････････････････････ 145
製品を比べて説明 ･･･････････････････････････････････ 146

5.3 お客さまの悩みをヒアリングする ･･････････ 150

お客さまヒのアリングの詳細 ･････････････････････････ 150
お客さまの悩みを親和図で描いてみよう ･････････････ 151

お客さまの悩みを確認しよう ································· 159
利害関係者間での合意形成手順の内容を一緒に考える ················· 160

Chapter 6 シンプル図解の活用に向けて ······163

6.1 フレームワークを活用しよう ················· 164
情報の収集、分類を効率的に行うために ················· 164
フレームワークを視覚化したキャンバスを活用しよう ············· 165

6.2 適切な分類やフレームワークの見つけ方 ········· 166
相手と一緒に考えるのも有効 ······················· 166

6.3 自分のフレームワークとキャンバスを作ろう ····· 167
SC化とは ································ 167

6.4 人材育成キャンバス ···················· 168
人材育成の現状を把握し、課題を見出すためのキャンバス ········· 168

6.5 1 on 1キャンバス ···················· 172
効果的な対話を促すためのキャンバス ················ 172

6.6 論理展開キャンバス ···················· 174
合意形成のためのキャンバス ····················· 174

6.7 業務コミュニケーションを構造化する ········· 176
SC化の手順 ································ 176

コラム　シンプル図解、人気の秘密(体験談) ················ 005
コラム　略語と同音異義語 ························ 031
コラム　シンプル図解でインサイト営業 ················ 040
コラム　基本構造はどうして10個なのか ················ 070
コラム　シンプル図解で要件定義の見える化を(体験談) ·········· 162
コラム　小さな図が大きな決断を引き出した(体験談) ··········· 182

おわりに ································· 184

■付録1　ビジネスでよく利用されるフレームワーク ············ 186
■付録2　参考文献 ···························· 189
付属データのご案内 ·························· 191

本書内容に関するお問い合わせについて

このたびは翔泳社の書籍をお買い上げいただき、誠にありがとうございます。弊社では、読者の皆さまからのお問い合わせに適切に対応させていただくため、以下のガイドラインへのご協力をお願い致しております。下記項目をお読みいただき、手順に従ってお問い合わせください。

● ご質問される前に

弊社Webサイトの「正誤表」をご参照ください。これまでに判明した正誤や追加情報を掲載しています。

正誤表　https://www.shoeisha.co.jp/book/errata/

● ご質問方法

弊社Webサイトの「刊行物Q&A」をご利用ください。

刊行物Q&A　https://www.shoeisha.co.jp/book/qa/

インターネットをご利用でない場合は、FAXまたは郵便にて、下記"翔泳社 愛読者サービスセンター"までお問い合わせください。

電話でのご質問は、お受けしておりません。

● 回答について

回答は、ご質問いただいた手段によってご返事申し上げます。ご質問の内容によっては、回答に数日ないしはそれ以上の期間を要する場合があります。

● ご質問に際してのご注意

本書の対象を越えるもの、記述箇所を特定されないもの、また読者固有の環境に起因するご質問等にはお答えできませんので、予めご了承ください。

● 郵便物送付先およびFAX番号

送付先住所　〒160-0006　東京都新宿区舟町5
FAX番号　　03-5362-3818
宛先　　　　（株）翔泳社 愛読者サービスセンター

シンプル図解を始めよう！
〜目的と効果〜

最初に、本書で紹介する「シンプル図解」、
ストラクチャードコミュニケーションの
目的とその効果について紹介します。

1.1 伝えたい内容をお互いに理解することから始めよう

コミュニケーションの鍵は「相互理解」

コミュニケーションスキルは、いつの時代もどの世代にとっても、身に付けておきたいビジネススキルの1つです。変化の激しいIT業界にいる皆さんにとっては、素早く正確にお互いの共通理解にたどり着くことが、ますます重要になっていくことでしょう。

ストラクチャードコミュニケーションは、「速く確実な相互理解」を目的に開発されたコミュニケーション技法です。□○△を組み合わせ、シンプルに図解するので、誰でも身に付けることができます（図1.1.1）。

この「速く確実な相互理解」を行えるかどうかが、ビジネスの成否を分けることがあります。例えば、「お客さまから要望を聞いてアプリを開発したが、要望の理解に誤解があり、開発にかかった作業と費用が無駄になった」「社内のシステム開発部門へ依頼したが、業務内容の理解に誤解があったため、納期が遅延してしまった」といった「相互理解ができていないこと」が原因で、時間的・金銭的な損失が発生したり、信用や信頼を失ってしまったりすることがあります。これは、ビジネスにとって大きな損害です。

ストラクチャードコミュニケーション
↳ 目的：速く確実な相互理解
　↳ 技法：□○△を組み合わせたシンプル図解

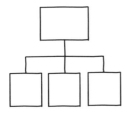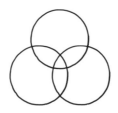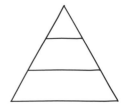

図1.1.1　ストラクチャードコミュニケーションは□○△を組み合わせたシンプル図解

シンプル図解の目的

ストラクチャードコミュニケーション、つまり、本書で紹介する「**シンプル図解**」の目的である「速く確実な相互理解」について、詳しく見ていきましょう（**図1.1.2**）。

「**速く**」とは、「15分の説明を5分でできる」「3回かかっていたヒアリングを1回でできる」「60分の会議を20分でできる」といった、時間短縮のことを意味します。

「**確実な**」とは、「誤解による手戻り作業がない」「思い違いによるヌケ・モレがない」「勘違いによるダブリがない」といった、作業を効率的に行うことを意味します。

「**相互理解**」とは、話し手と聞き手がお互いに「考えや想いをわかっている」「共通点や相違点を確認し合っている」といった、互いの認識が同じであることを確認し合うことを意味します。

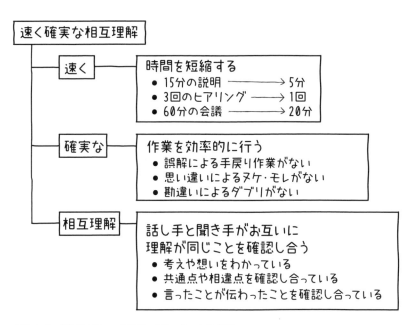

図1.1.2　ストラクチャードコミュニケーションの目的

シンプル図解がもたらす効果

職種別、場面別に期待できる図解の効果とは

では、「速く確実な相互理解」を実現するコミュニケーション技術を使うと、どのような効果があるのでしょう?

シンプル図解はさまざまなビジネスシーンで活用できます(図1.2.1)。

限られた時間の中で情報を収集し、集めた情報をわかりやすく図解し、**相互理解を図ることでビジネスを加速し、ビジネスの質の向上も期待できます。**

営業部門の場合

限られた時間の中でお客さまからできるだけ有効な情報を聞き出し、それらをその場でわかりやすく図解して確認を取ることにより、**提案のスピードと質の向上が期待できます**(図1.2.2)。

IT業界では、日々新しいテクノロジーが生まれています。ITに詳しい人でない限り、そうしたテクノロジーが自分のビジネスに役立つものかどうかを判断することは難しいものです。

ところがお困りごとを抱えているお客さまの中には、目の前の課題を解決したいがために、よくわからないまま新しいテクノロジーやはやりのキーワードに飛びついてしまうことがあります。

しかし、お客さまの真の課題や望む姿をきちんと把握せずに製品やサービスを提案したところで、有効な提案にはなりません。

そこでシンプル図解を使い、お客さまの真の課題や望む姿を確認することで、有効な提案を速く行えるようになります。

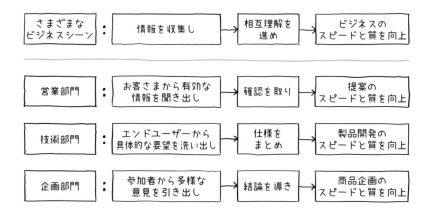

図1.2.1　さまざまなビジネスシーンにおけるシンプル図解の手順と効果

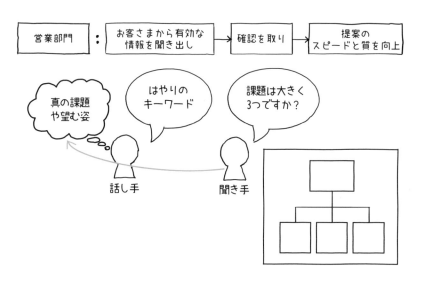

図1.2.2　シンプル図解で提案のスピードと質が向上

技術部門の場合

要求分析をする際にも、シンプル図解が役に立ちます。

例えば、限られた時間の中でエンドユーザーからできるだけ具体的な要望を洗い出し、それらをわかりやすく図解して仕様をまとめられれば、**製品開発のスピードと質の向上が期待できます**(図1.2.3)。

シンプル図解を使うと、受託システムの開発における要件定義でも、その後の開発や運用がスムーズに行えます。

ほとんどのエンドユーザーは、システム開発に慣れているわけではありません。そのため、全体的な作業と一つひとつの具体的な作業を同じように説明される方がいるかもしれません。そうした説明を文章にすると、全体的な話と詳細な話とが入り混じって、わかりにくいものになりがちです。説明したことが記録されてはいるものの、エンドユーザーはもやっとした、ちょっとした不満を抱えることになります。

そんなことにならないよう、シンプル図解を使ってシステムの全体像と詳細事項をわかりやすく示してみてください。

企画部門の場合

シンプル図解を商品企画会議で用いるのも有効です。

限られた時間の中で参加者からできるだけ多様な意見を引き出し、それらをわかりやすく図解して結論を導けば、**商品企画のスピードと質の向上が期待できます**(図1.2.4)。

多くの利用者が使うシステムやサービスを企画する際は、いろいろな立場の人からさまざまな意見が出されます。それらの意見を全て取り入れようとすると、システムやサービスの開発に時間と費用がかかるだけでなく、結果として誰にも使われないものになりかねません。

シンプル図解を使い、多くの意見の中からシステムやサービスの中核をなす価値ある機能を見つけ出すことで、システムやサービスの早期リリースが実現します。

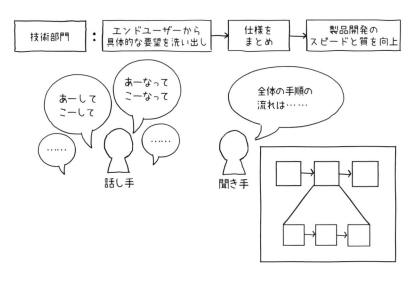

図1.2.3 シンプル図解でシステム開発のスピードと質が向上

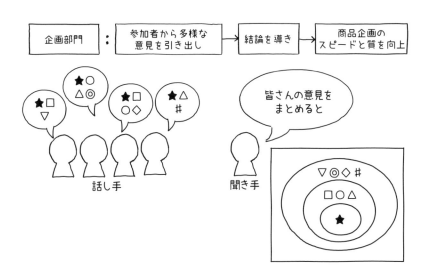

図1.2.4 シンプル図解でシステムやサービスの早期リリースが可能に

1.3 コミュニケーションが苦手な人でも安心

苦手意識がビジネストラブルの原因に？

　業界、職種を問わず、コミュニケーションに苦手意識を持つ人は多くいます。筆者による分析では、コミュニケーションが苦手だという主な理由は次のようなものです。こうした苦手意識が仕事上のトラブルの原因になったり、失敗につながってしまったりすることもあるようです。

- 自分の考えをうまくまとめられない。
- 自分の言いたいことが伝わっていないと感じることがある。
- 話しているうちに内容がずれていく。
- ときどき、「要点は何？」と聞かれる。
- 話していても相手からの反応が薄い。
- 大勢の前で話すと緊張する。
- 相手の話を要約するのが苦手である。
- 相手の真意がわからないことがある。

コミュニケーションスキルを身に付けて、問題を解決！

　本書で紹介するシンプル図解は、「誤解が生じる」「信頼関係を損ねる」といったトラブルを防ぎ、「手戻りが発生する」「仕事が遅れる」といった効率の悪さを解決するのにも役立ちます。

　特にIT業界に身を置く読者の皆さんは、日頃のシステム開発業務の中で次のような経験をしたことが、きっとあることでしょう。

- 作業内容の伝え方が不十分だったために、作業のやり直しが発生した。
- 作業範囲を確認したが、双方の思い違いで作業の漏れやダブりが発生した。

　しかし、本書で紹介するスキルを日々の業務の中に取り入れれば、コミュニケー

ション能力に自信がない方であっても、さまざまなビジネスシーンで次のような効果を期待できます。

- 報告や連絡：短時間で確実に言いたいことを伝えられる。
- 商談やヒアリング：相手の話を確実に理解できる。
- 会議や打ち合わせ：会話の内容を的確にまとめる。
- コンサルティングや相談：相手と会話をしながらアイデアを創り出す。

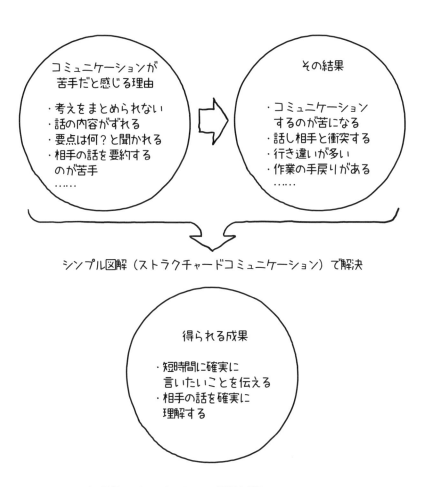

図1.3.1　シンプル図解でコミュニケーションの問題を解決

シンプル図解の特徴

特徴1 : 図に描く

シンプル図解の特徴の1つ目は「図に描く」ことです。

「図に描く」とは、図に描きながら伝えたり、図に描きながら聞いたり、図に描きながら一緒に考えたりと、図に描きながらコミュニケーションすることです。文章や言葉だけでは伝わりにくいことを、図を描くことで短時間で伝えることができます。

● シンプル図解をちょっと試してみよう!

例えば、次の文章を読んでイメージする図を描いてみましょう。

・左から順に、正方形、円、正三角形が、並んでいます。
・正方形の中には、円が2つ重なっています。
・円の中には、正方形が2つ重なっています。
・正三角形の真上には円があり、その中には正方形があります。

どのようなイメージを思い浮かべましたか? 実際には、図1.4.1のような図を説明していました。

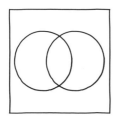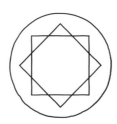

図1.4.1　正方形、円、正三角形の図

この図をより正確に伝えるためには、より多くの情報が必要となります。その分、時間もかかります。しかし図を見せれば、それだけですぐに伝わります。文章や言葉に加えて図も用いることで、速く確実な相互理解ができます。

特徴2：その場で描く

もう1つの特徴が、「その場で描く」です。「その場で描く」とは、相手とコミュニケーションをしているそのときに、その場で描くということです。コミュニケーションの内容に合わせて、その場で図に描きます。

例えば、相手からの質問に対してその場で図を描いて回答します。相手から聞いたことを、その場で図に描いて確認します。相手との会話の内容を、その場で図に描いてまとめます。その場で図に描くことで、コミュニケーションの最中に相手との理解の相違を解消します。こうした作業により確認作業を次回に持ち越すことがなくなり、速く確実な相互理解を実現できるのです。

その場で図を描くには、手で描くのが速くて簡単です。シンプル図解では、手で描くツールとしてホワイトボードを勧めています。ホワイトボードは描いたものをすぐに消せるので、間違いを気にせずに描くことができます。

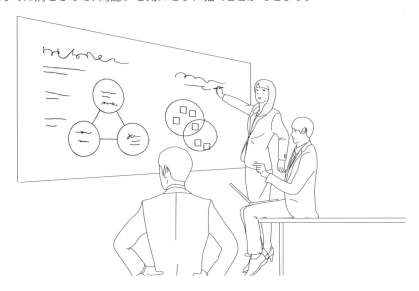

図1.4.2　その場で描けるシンプル図解

シンプル図解の要素

「論理的な思考」と「直感的な表現」で速く確実な相互理解

シンプル図解では、要素として「論理的な思考」と「直感的な表現」を組み合わせて使用します。**論理的な思考とは「情報を構造化すること」、直感的な表現とは「図解で視覚化すること」**です。

論理的な思考による情報の構造化とは、情報と情報がどのような関係にあるのかを考え、組み立てることです。「思考」なので、これは頭の中で行います。

頭の中にある考えを言語だけで表現するのは意外と難しいものです。そこで、わかりやすく示すために直感的な表現で図解をし、視覚化することで、速く確実な相互理解を実現します。

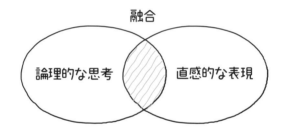

図1.5.1　シンプル図解では論理的な思考と直感的な表現が融合している

「伝える」スキルと「聞く」スキルの両方に対応

コミュニケーションには、「伝える」「聞く」という双方向の要素があります。

コミュニケーションスキルの多くは「伝える」スキルです。例えば、発表技術(プレゼンテーションスキル)、文書技術(ドキュメンテーションスキル)、主張技術(アサーションスキル)、交渉技術(ネゴシエーションスキル)、報連相についてのものなどが「伝える」スキルとしてあげられます。

「聞く」スキルとしては、傾聴技術(アクティブリスニングスキル)、質問技術といったものがあります。

一方、本書で紹介するシンプル図解・ストラクチャードコミュニケーションは、伝えるスキルと聞くスキルの両方を兼ね備えたものです。

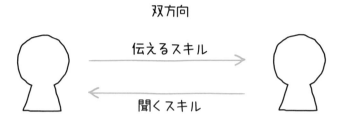

図1.5.2　シンプル図解では伝えるスキルと聞くスキルの両方が含まれる

速さと確実さを両立

今でも、速い仕事は品質に問題があるように思われ、確実な仕事は時間がかかるように思われることがあるかもしれません。しかし、優れた仕組みは「短時間で高品質なもの」です。

アジャイル開発は、不確実性に対応するために短い周期でソフトウエアをリリースし、それを繰り返しながらシステム全体を作り上げていく技法です。アジャイル開発も、速さと確実さの両方に対応するために生まれた技法といえます。

シンプル図解も、速さと確実さを兼ね備えています。かつ、シンプル図解は相互理解を目的としたコミュニケーション技法です。

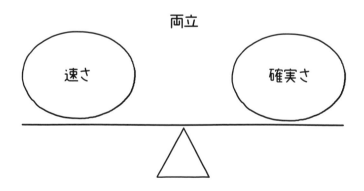

図1.5.3　シンプル図解では速さと確実さが両立する

なぜ誤解が起きるのか、知っておこう

誤解を引き起こす三大要素

コミュニケーションで誤解が起きる原因は、大きく「聞き間違い」「指示語の取り違い」「関係の取り違い」の3つがあるといわれています。

順番に見ていきましょう。

図1.6.1　誤解を引き起こす三大要素

聞き間違い

例えば、「イシダさん」「キシダさん」「ニシダさん」「ヒシダさん」、「ライス食べたい」と「アイス食べたい」、「はあ、痛い」と「歯痛い」、「それ取って」と「ソルト取って」など、音を聞き間違うことは誰にでもあるでしょう。音が似ていて聞き間違ったり、音の区切りを聞き間違ったりするのは、日常生活でもビジネスでもあることです。

聞き間違いが起こる原因は、話し手の発音が悪い、周囲がうるさい、聞き手が聞き漏らすといったさまざまな原因が考えられます。

IT業界だと、例えば次のような単語で聞き間違いが起こることがあります。

- アカウント（顧客）　　　カウント（数える）
- ギルド（技術者の組合）　ビルド（実行形式ファイルの作成）
- マトリクス（行列）　　　メトリクス（測定基準）

　聞き間違いによる誤解を解消するには、聞き手が聞いた内容を復唱したり書いて話し手に見せたりして、確認し合うのが有効です。

　ただこの聞き間違いによる誤解は、全ての会話の中で起きる可能性があります。かといって、全ての会話を復唱するのは現実的ではありません。

　シンプル図解では、会話の内容を描いて相手に見せるという方法を使います。

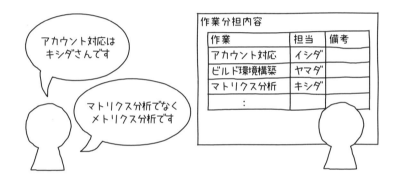

図1.6.2　会話の内容をその場で描いて相手に見せて確認しあおう

指示語の取り違い

　2つ目は、指示語の内容を取り違える場合です。

　例えば、「それ」「あれ」のような代名詞や、「いつもの」「例の」のような決まり文句が指示するものの取り違えにより、誤解が生まれます。話し手と聞き手が思っていたものが実は違っていた、というケースです。

　指示語の取り違いによる誤解は、復唱しても解消できません。そこで、指示語が出てきたら、指示語が示す内容を話し手と聞き手の双方で確認し合います。

関係の取り違い

3つ目は、関係を取り違える場合です。

ここでは、「青い水玉のドレス」を例に考えてみましょう。

この文章は、「青い水玉模様の、ドレス（青いのは水玉）」とも「水玉模様の、青いドレス（青いのはドレス）」とも、どちらの意味にも取れます（図1.6.3）。修飾語と被修飾語の関係が適切でないために2通りの解釈ができてしまい、結果として誤解が発生してしまう可能性があります。

青い水玉模様の、ドレス　　　　　水玉模様の、青いドレス
（青いのは水玉）　　　　　　　（青いのはドレス）

図1.6.3　「関係の取り違い」で誤解は起こる

関係の取り違いによる誤解も、文字で書いたり復唱したりしただけでは解消できません。この例でいえば読点を適切に使い、言葉を補足して説明しない限り、誤解を発見できません。

IT業界での例としては、「速いシステムの開発」があります。「速いのはシステム」とも「速いのは開発」とも、どちらの意味にも取れます。これを誤解したまま提案

や設計をすると、お客さまの望むものとはまったく違うものができてしまいます。

「関係の取り違い」による誤解は全ての会話で起こる可能性があるので、誤解を解消する方法が必要なのです。

シンプル図解では、構造化した図に関係を描いて見せる、という方法を使います。具体的な図の描き方はChapter2以降で説明します。

> コラム

略語と同音異義語

IT業界には多くの略語があり、略語の中には同じつづりなのに意味が違う同音異義語があります。本節で説明した指示語と同様に、同音異義語も内容を取り違えやすい例です。使われる場面や組織によって意味が異なることがあります。

表1.6.1　内容の取り違いが起こりやすい略語の例

略語	つづり
ASP	Active Server Pages、Application Service Provider、Affiliate Service Provider
CSS	Cascading Style Sheets、Content Scrambling System
PDU	Protocol Data Unit、Professional Development Unit、Power Distribution Unit
PT	Product Test(製品テスト)、Program Test(単体テスト)
RAS	Remote Access Service、Reliability, Availability and Serviceability
TDD	Test-Driven Development、Time Division Duplex

シンプル図解の活用シーンを見てみよう

伝えるシーンで大活躍！

ここでは、シンプル図解の活用シーンを見ていきます。日々の業務にどう活かせるのか、そのヒントにしてみてください。

最初に「伝えるシーン」での活用方法を紹介します（図1.7.1）。

あなたが話し手として何かを伝えるとき、もっとわかりやすく伝えたいと思うことはありませんか？ そういうときこそ**図解も一緒に用いると、より短時間で正確に情報を伝えることができます。**

日々の業務の中では報告・連絡・相談といった頻繁にある場面の他にも、説明・提案・説得といった場面があります。シンプル図解を意識してその場で図に描きながら伝えれば、その場で出てきた要望や新たに発覚したトラブルにも、臨機応変に対応することが可能になるでしょう。

特に「説明が長い」「要領を得ない」などと指摘を受けることが多い方は、ぜひ、**シンプル図解を取り入れてみてください。**

● 伝える相手がITに詳しくない場合

私たちがコミュニケーションするのは、ITに詳しい人たちばかりではありません。ITが実現していることは目に見えにくく、日常では使用しないカタカナ用語も多いため、ITに詳しくない人からするとわかりにくい世界です。

見えないシステム内部での動きを図にしたり、言葉だけではわかりにくい概念を図にすることで、ITに詳しくない方でも内容をイメージしやすくなり、結果、理解しやすくなります（図1.7.2）。

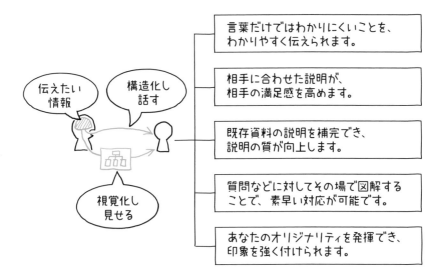

図1.7.1 　伝えるシーンでの活用効果

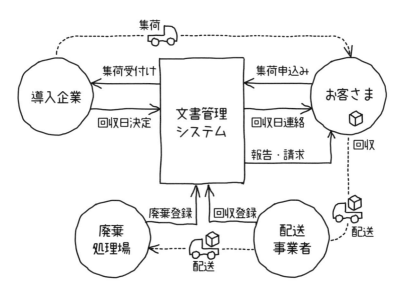

図1.7.2 　シンプル図解を使うと、システムの内容がわかりやすく伝わる

聞くシーンで大活躍！

日常生活と同様、ビジネスでも聞くシーンというのは案外多いものです。職種にもよると思いますが、日々の業務では上司や同僚、顧客を相手に伝えるシーンより聞くシーンのほうが多いかもしれません。

聞くシーンでその場で図に描きながら聞くことは、まず、**自分自身の理解の助けとなります**。図解内容を相手に見せればヒアリングした内容をその場で確認でき、認識のずれがあった場合にはその場で解消できるでしょう。

図解することは、言語化されにくい情報を聞き出すことにもつながります。聞き間違いや聞き漏れをなくし、作業の抜けや手戻りを解消します。

特に、話し手の考えが十分にまとまっていない場合、シンプル図解は大いに役立ちます。話し手からすると、自分の中ではまとまらずにいた考えをあなたがその場でスッキリとまとめてくれたことになります。結果、あなたに対する信頼がぐっと高まることでしょう（図1.7.3）。

● 聞いている相手がITに詳しくない場合

IT業界に身を置く皆さんは、ITにあまり詳しくない知り合いからITに関する相談を受けたことがあるでしょう。

例えば、「パソコンが急におかしくなった。どうすればいいのか」「新しいパソコンを買いたいがどれがよいのか」といったことから、「動画を作りたいが、どうしたらよいのか」といったとても曖昧な相談まで、身に覚えがあるのではないでしょうか。

相談に乗っていると、トラブルが起こった場合なら「やった操作と起きた現象がはっきりしない」、パソコンの買い替えについてなら「欲しい機能の優先順位が決まっていない」、動画を作りたいについてなら「目的と手段を分けて考える」といったことを感じることもあります。

そういう場合は、シンプル図解を使って聞き手が相談内容を描きながら聞くと、話し手の言いたい内容を整理できます（図1.7.4）。

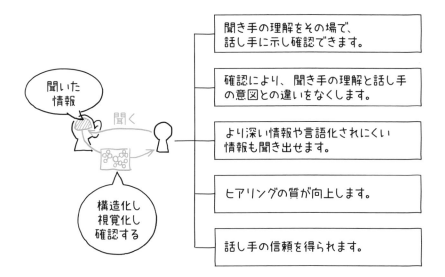

図1.7.3　聞くシーンでの活用効果

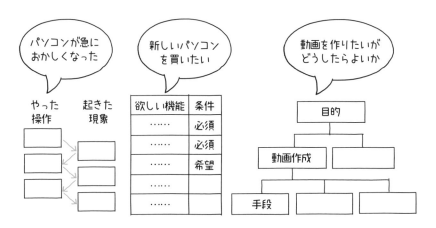

図1.7.4　シンプル図解で描きながら聞く例

一緒に考えるシーンで大活躍！

　会議や打ち合わせというのは、参加者全員が話し手でもあり、聞き手でもあります。こうした対話を通じて一緒に考えるコミュニケーションの場面でも、シンプル図解は役立ちます。

　その場で図に描きながら考えると、個々人では気付かなかったことを発見できたり、解決策の糸口が見つかったりすることがあります。

　具体的には、会議や打ち合わせで参加者が発言したことをシンプル図解を用いてその場で視覚化すれば、同意点や相違点が明確になったり、原因や問題点が新たに浮かび上がったりします（図1.7.5）。

　参加者全員が同じ図を見ることになるので、意識の統一が図りやすくなるでしょう。

● 対立関係から一転、シンプル図解で仲間になることも

　交渉や折衝の場面では、口頭による説明だけだと対立関係になりがちです。その場にいるのが、もともと利害関係に何らかの問題を抱えている交渉相手や折衝相手だからです。

　ところが議論の内容を図に描いてその場で示すと、その課題は発注者と受注者の両者にとって「共通のもの」になります。共通のものとなることで議論の内容を互いに客観視できるようになります。結果、対立構造にあったはずの関係が「課題を解決する仲間」という新たなものに生まれ変わることもあるのです（図1.7.6）。

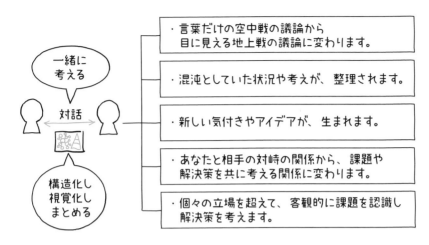

図1.7.5　一緒に考えるシーンでの活用効果

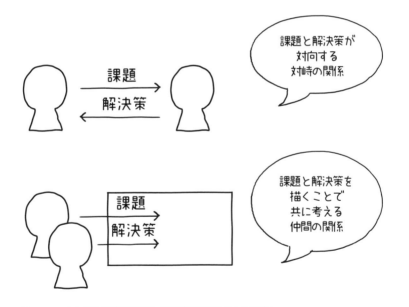

図1.7.6　シンプル図解で相手との関係を変えることも可能！

より効果的に活用するための コツと準備

話し手にも聞き手にも優しいシンプル図解

繰り返しになりますが、あなたが話し手として情報を伝える場合も聞き手として情報を受け取る場合も、シンプル図解は速く確実な相互理解を実現するのに役立ちます（図1.8.1）。

あなたが話し手の場合は、まずは伝えたい情報を論理的な思考でもって構造化します。頭の中で構造化した情報を、直感的にわかる図で視覚化します。

あなたが聞き手の場合は、まずは聞いた情報をその場で分類します。分類を確認しながら、話し手から聞いた情報を構造化し、図解してその場で確認します。

さて、いいこと尽くしのシンプル図解ですが、より効率的に活用するにはちょっとした準備が必要で、会議や打ち合わせの場面ではうまく進めるためのコツがあります。具体的な描き方はChapter2以降で説明していくので、ここでは、その準備とコツについて紹介しておきましょう。

必要なツールはホワイトボードとマーカーだけ！

シンプル図解では、ホワイトボードとマーカーを使って、その場で図を描きます。紙とペンでも大丈夫ですが、できればホワイトボードをお勧めしています。その理由は、すぐに消すことができるからです。

消すことが難しい筆記用具だと、どこに描こうかどのように描こうか迷ってしまい、描き始めるのに時間がかかります。その点、ホワイトボードならすぐに消せるので、安心して描き始められます。

また、描きながら聞いているとき、話し手が描いている内容にちょっとした間違いや違和感を見つけたとします。その場合も、ホワイトボードであれば簡単に消して描き直せるので、話し手も指摘もしやすいです。

最近では、A4サイズのホワイトボードやカラフルなマーカーも、100円ショップで購入できます。また、ノート型のホワイトボードもあります。

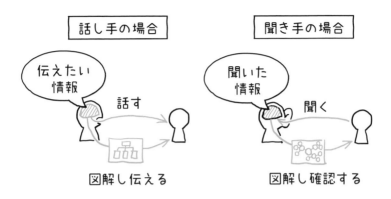

図1.8.1　シンプル図解はどちらの立場でも役に立つ

時には一緒に描いてみる

シンプル図解の目的は相互理解です。相互理解をより進めるためには、あなただけが描くのではなく、相手や仲間と一緒に描いてみるのも有効です。

あなたが、シンプル図解で枠を描いて、相手や仲間と一緒に枠に沿ってアイデアを出し合ったり、考えをまとめたりします。こうすると、参加者全員で課題を共有でき、解決策を一緒に考えることも可能です。一緒に考えた解決策は、参加者の相互理解が図られているので、実行性も高くなります。

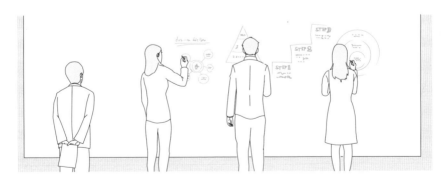

図1.8.2　相手や仲間と一緒に描いてみる

シンプル図解でインサイト営業

　シンプル図解を、「インサイト営業の基礎スキルとして教えたい」というご要望をいただいたことがあります。

　インサイト営業とは、ハーバード・ビジネス・レビュー2014年7月号の「ソリューション営業からインサイト営業へ(https://www.dhbr.net/articles/-/2616)」の記事で紹介されたものです。

　インサイト(Insight)は、直訳すると「洞察、見識」のことです。インサイト営業とは「お客さまですら気付いていないお客さまの課題」を見つけ、お客さまと共に解決する営業スタイルのことをいいます。

　インサイト営業では、すでに顕在化している問題ではなく、内部に隠れている課題を洞察して掘り起こしていかなければいけません。ではどのように「内部に隠れている課題を洞察して掘り起こす」のでしょう？　そこにシンプル図解を活用したいとのご要望でした。

　シンプル図解では、話し手の漠然とした現状や悩みを聞きながら、それらをわかりやすく構造化していきます。その過程で、話し手が気付いていないニーズや課題を見つけ出せる可能性があります。

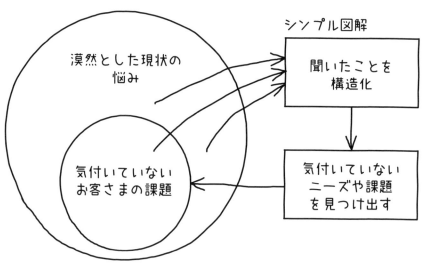

図1　シンプル図解でインサイト営業

Chapter 2

シンプル図解の基本

本章では、シンプル図解の2つの要素と、
3つの技法について説明します。
「要素」「技法」というと難しく感じるかも
しれませんが、ここで紹介する内容は慣れると
意識しなくても自然に実践できるようになります。
安心して読み進めてください。

2つの要素で速く確実な相互理解を実現しよう

シンプル図解の2つの要素

Chapter1で説明したように、シンプル図解の目的は「速く確実な相互理解」です。これを実現するために、シンプル図解では次の2つの要素を用います（図2.1.1）。

- 論理的な思考による情報の構造化
- 直感的な表現として図解で視覚化

●「情報の構造化」はわかりやすいコミュニケーションのため

相互理解をしやすくするために、論理的な思考で情報の構造化を行います。シンプル図解での構造化とは、「相互理解のために情報を収集・分類し話題にまとめ、その話題の関係を考えて組み立てること」をいいます（図2.1.2）。そしてこの構造化には、論理的な思考が欠かせません。

論理的な思考といっても、高度な思考力が必要なわけではありません。あなた自身の考えをいくつかの話題にまとめ、その話題の関係を考えて組み立てることができれば、それで十分です。

●「図解で視覚化」は伝わりやすいコミュニケーションのため

構造化した話題を伝えやすくするために直感的に表現し、図解で視覚化します。シンプル図解での視覚化とは、「構造化した内容を図に描くこと」です（図2.1.3）。視覚化することで、直感的に伝えることができます。

情報の構造化は、論理的な思考でもって、つまり頭の中で行うものです。頭の中で考え組み立てた構造を相手にわかるように伝える手段として、図を用います。複雑な内容を会話や文章で伝えようとするとわかりにくいものですが、図解で示せば一目瞭然です。

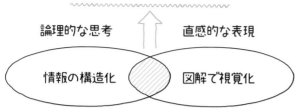

図2.1.1　シンプル図解で用いる2つの要素

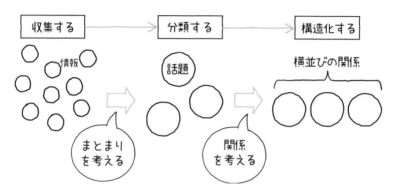

図2.1.2　シンプル図解での構造化

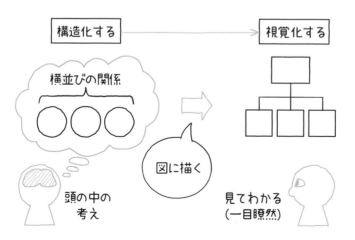

図2.1.3　シンプル図解での視覚化

3つの技術で速く確実な 相互理解を実現しよう

シンプル図解の3つの技術

シンプル図解では、3つの技術を使います。この3つの技術は、**シンプル図解の手順、シンプル図解の種類、そしてシンプル図解の実践法です**(図2.2.1)。

ここでは、3つの技術についての概要を説明します。詳細については次節以降で説明していきます。

● シンプル図解がIT業界で役に立つ理由

3つの技術の概要を説明する前に、IT業界に注目して、筆者がシンプル図解をお勧めする理由を述べておきましょう。

IT業界にいる皆さんならば、システム開発で多くのドキュメントを目にしていることでしょう。その中には、UML(Unified Modeling Language、統一モデリング言語)、ER図(Entity Relationship Diagram、実体関連モデル図)、DFD(data flow diagram、データフロー図)などの図式化された表記が使われています。

これらの図式化した表記には、図の一つひとつや構造に意味が定義されています。例えばUMLの意味を正しく理解している技術者同士で使えば、共通の認識としてすぐに意思疎通ができ、仕事がはかどります。自分の中だけでも決められた内容にのっとって情報を整理していけば、仕事の効率が上がります。

しかし、全てのコミュニケーション相手がUMLの知識を持っているわけではありません。当然、業界や職種によって日々の業務に必要な知識や身につけておくべき知識が異なるからです。また、IT技術者同士であってもコミュニケーションの内容や場面に応じて、手軽でわかりやすい表現を用いるほうが効果的な場合もあります。

そこで、特別な知識がなくても伝わる、より平易な図解表現が求められます。シンプル図解はそのような場面で役立つ、コミュニケーション技法です(図2.2.2)。

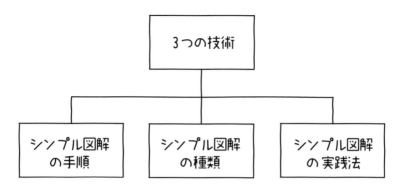

図2.2.1　シンプル図解の3つの技術

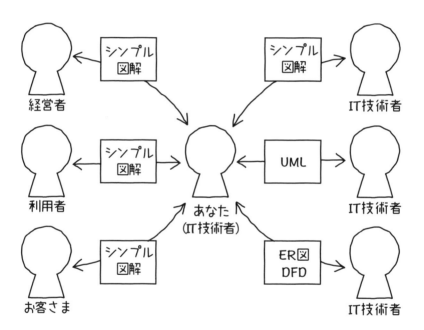

図2.2.2　相手や内容に応じて描き方を使い分けよう

シンプル図解の手順

　シンプル図解の手順とは、システム開発でいえばシステム開発の手順に相当します。この手順に従うことで、効率的にシンプル図解を描くことができます。

　特に難しい手順ではありません。システム開発に慣れている方はもちろん、慣れていない方や経験のない方でも、すぐにコツをつかめます（図2.2.3）。

シンプル図解の種類

　シンプル図解の種類とは、UMLのダイアグラムの種類に相当します（図2.2.4）。シンプル図解では、ビジネスでよく使われる「情報の構造（Structure）」を、10個用意しています。10個の構造の中から話の内容に適したものを選択すれば、誰でも簡単に構造化ができます。

　中には「10個は多い」と感じる方がいるかもしれません。しかし、いずれも□○△を使った単純なものです。□○△で表現できるので、絵やイラストについてのスキルは必要ありません。誰でも素早く図解できます。

シンプル図解の実践法

　シンプル図解の実践法とは、システムの処理方式（バッチ、オンライン、非同期など）の違いにより、その実装方法が異なるようなものです（図2.2.5）。

　シンプル図解ではビジネスを3つの場面で想定し、それぞれの場面で確実に実践するための行動を型として用意しています。型に従って行動することで、誰でもシンプル図解を実践できます。

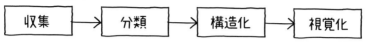

・シンプル図解の手順

収集 → 分類 → 構造化 → 視覚化

・システム開発の手順

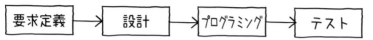

要求定義 → 設計 → プログラミング → テスト

図2.2.3　シンプル図解の手順とシステム開発の手順

・シンプル図解の種類

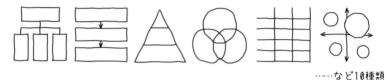

……など10種類

・UMLダイアグラムの種類

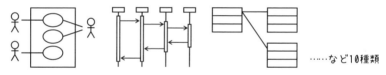

……など10種類

図2.2.4　シンプル図解の種類とUMLダイアグラムの種類

・シンプル図解の場面の違い

伝える場面　　　　　聞く場面　　　　　一緒に考える場面

・システムの処理方式の違い

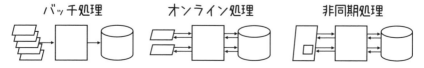

バッチ処理　　　　オンライン処理　　　　非同期処理

図2.2.5　シンプル図解の実践法とシステム処理の実装法

技術1:「構造化の手順（Step）」の全体像

4つのStepでシンプル図解が描ける!

ここでは自己紹介を例に、シンプル図解を描く手順を説明します。

● [Step1] 必要な情報を収集する

最初に、情報を集めます。自己紹介をする場合、何を話そうかといろいろ考えますね。例えば部活、小学校の思い出、趣味、出身、大学の専攻、仕事、休日の過ごし方、好きな食べ物について考えます。これが**情報の収集**です。

● [Step2] 情報を分類し、話題にまとめる

次に、集めた情報から場の雰囲気や相手のことを考え、話す情報を選択します。例えば、出身地、小学校の思い出、部活、大学の専攻、今の仕事と趣味を選択します。そして、選択した情報をいくつかの話題にまとめます。ここでは、幼少期、学生時代、現在の3つに話題をまとめます。これが**情報の分類**です。

● [Step3] 話題の関係から構造を決める

話題が決まったら、話題の関係を考えます。関係を考えるとは、それぞれの話題の重要度、時系列、つながり、位置付けなどを考えることです。図2.3.1は、時系列で自己紹介したものです。図2.3.2のように、他の構造で自己紹介することもできます。これが**構造の決定**です。

● [Step4] 構造に従って表現する

構造が決まったら、**□〇△を使いシンプル図解で表現**します。ここでは、「おとなしい小学生時代」「部活に熱中した学生時代」「仕事も趣味も充実している今」と、移り変わってきたことをシンプル図解します。

これが、シンプル図解を描く手順です。

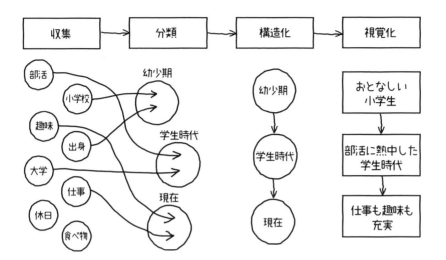

図2.3.1　シンプル図解を描く手順（自己紹介の例）

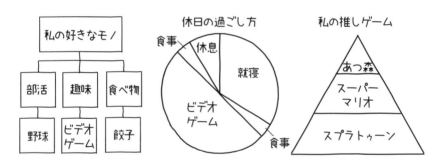

図2.3.2　シンプル図解で描いたその他の自己紹介例

●練習：自己紹介を図解する

上の例にならって、あなたの自己紹介を図解してみましょう。

2.4 技術1：［Step1］必要な情報を収集する

情報を集めるときのポイント

　最初に、**必要な情報を収集します**。聞き手の関心事や疑問が何なのかを想定し、その回答となる情報はもちろん、関係する情報を集めます。

　例えば、上司に「システム障害の対応を説明する」場面で考えてみましょう。聞き手の関心事とは、聞き手である上司の関心事が障害の「状況」「原因」「対策」だと想定し、その情報を収集することです。関係する情報とは、「類似の事例」「障害による二次的な影響」「二次的な影響への対策」「対策による新たな影響」といったようなことです。

　集めた情報は、一つひとつの情報を1行で書いたり1枚のカードに書いたりします。コンピューターで処理する場合は、表計算ソフトを利用するとよいでしょう。人の手で処理する場合は、付箋紙やカードに書き込み、壁や机に広げます。これをコンピューターで行うツールもあります。

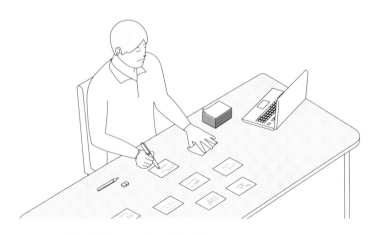

図2.4.1　集めた情報は一つひとつ個別に記録する

インターネットで情報収集する際の注意点

　今ではインターネットを使うことで、情報の収集がとても容易になりました。より広い範囲にわたり、多くの情報を短時間で収集することができます。

　情報を集める際は、次の点について注意が必要です。

- 「事実」と「意見」を分ける。
- 「事実」は、裏付けを確認する。
- 「意見」は、その背景や文脈を確認する。

　注意が必要な理由は、インターネットは誰でも自由に情報を発信できる反面、不確実な情報も存在するからです。あたかも「事実」のように書かれ、複数の人が参照していても、元となる情報(一次情報)に当たり、裏付けを確認することが必要です。「意見」の場合は、発言者が匿名だったり、不特定多数の意見だったりと相手が特定できない場合以外は、なぜそう思うかの確認が必要です。

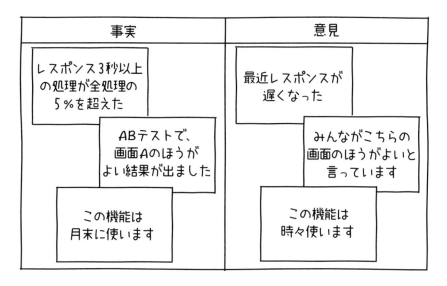

図2.4.2　「事実」と「意見」を分ける

2.5 技術1：[Step2] 情報を 分類し、話題にまとめる

話題にまとめるときのポイント

収集した情報を、その類似点や共通点を考えながら分類し、いくつかのまとまりを作ります。この分類したまとまりのことを、シンプル図解では「話題」と呼びます（図2.5.1）。

話題の数は、2つから4つにします。5つ以上になった場合はいくつかの話題をまとめてグループを作り、2つから4つに収めましょう。

個々の話題に題名を付ける

まとめた個々の話題に対して、その内容を示すわかりやすい名前を付けます。この名前をシンプル図解では「題名」と呼びます。題名は、話をする場合の重要なキーワードになります。わかりやすい題名は聞き手の理解を促し、わかりやすいからこそ話の内容が記憶に残りやすくなります。

よい題名の特徴を紹介しておきましょう。

● 聞いてすぐにわかること

題名は、耳慣れた単語で短く表現します。聞き慣れない単語を使ったり長すぎたりする題名は、理解を妨げる原因となり、逆効果です。

一般の認知度が低いような言葉を使うのは避けましょう。IT業界では、カタカナ語や専門用語が多くあります。これらは、できるだけわかりやすい言葉に置き換えます。また英語の場合は略語ではなく、フルスペルを用いましょう。

● 内容と一致していること

聞き手は、題名から話の内容を想像します。ビジネスシーンでは奇をてらうような、想像を裏切るような題名は、適切ではありません。内容にふさわしい題名を付けましょう。

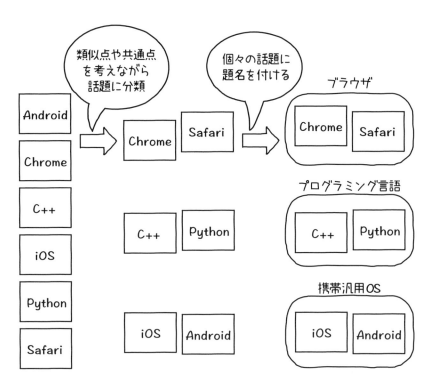

図2.5.1 情報を類似点や共通点により話題にまとめ、題名を付ける

●練習：話題に分類し題名を付ける

次の情報を類似点や共通点を考えながら話題に分類し、それぞれに題名を付けてみましょう。

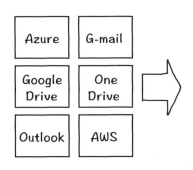

図2.5.2 練習：話題に分類し題名を付ける

技術1：[Step3] 話題の関係から構造を決める

構造を決める際のポイント

ここまでにまとめたいくつかの**話題**を**構造化**します。その際、話題の関係に着目しましょう。個々の話題がどのような位置関係にあり、どうつながっているのかを考えます。

構造化は頭の中で行います。シンプル図解では話題の関係を表す構造を10個用意しています。話題に合うものをその基本構造から選べばいいだけです。

● 話題の関係と構造の具体例

話題の関係と構造について、事例を用いて説明します。ここではシステム開発プロジェクトの体制を例にします。システム開発プロジェクトでは、「お客さま」「システムインテグレーター」「開発会社」の三者が協力体制を組みます。

この三者を話題とし、その関係を考えてみましょう。読者の皆さんの頭の中にはどのような関係を思い描きますか？

ここでは、次の3つの関係を考えました（図2.6.1）。登場人物こそ同じですが、その関係はまったく異なります。この異なる関係が、構造の違いになります。

- 横並びの協力関係：「お客さま」「システムインテグレーター」「開発会社」が同等の責任を持ち、それぞれの役割を果たす関係。三者が自分の役割を果たしながら協力し、プロジェクトを推進する。
- 上下の関係：「お客さま」を頂点に「システムインテグレーター」「開発会社」がその下部に位置し、上位の指示に従う関係。「お客さま」のリーダーシップの下、各々が指示された役割を果たし、プロジェクトを推進する。
- 二者をつなぐ関係：「システムインテグレーター」がシステムを利用する「お客さま」と、システム開発を行う「開発会社」をつなぐ関係。「システムインテグレーター」が「お客さま」「開発会社」の間に入り、両者の橋渡しをしながらプロジェクトを推進する。

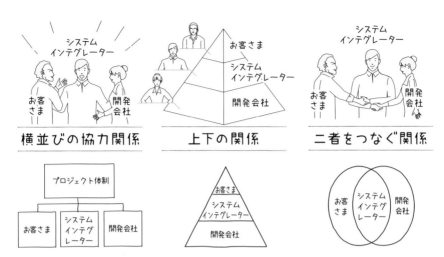

図2.6.1 「お客さま」「システムインテグレーター」「開発会社」のいろいろな関係と図解

● 練習：話題の関係から構造を選択する

A）、B）、C）に示す3つの話題の関係を考え、右に示すシンプル図解に当てはめ、それぞれの話題を適切な位置に記入しましょう。

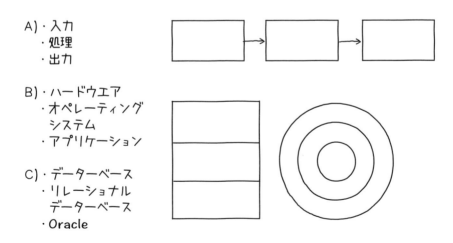

A）・入力
　・処理
　・出力

B）・ハードウエア
　・オペレーティング
　　システム
　・アプリケーション

C）・データーベース
　・リレーショナル
　　データーベース
　・Oracle

図2.6.2 練習：話題の関係から構造を選択する

技術1：[Step4]
構造に従って表現する

図解で表現する際のポイント ～□○△で素早く描く～

　話題の関係から頭の中で構造を決めたら、**その構造に従って視覚化していきま**す。シンプル図解では、直感的な表現方法として10個の構造を使用して図解します。

　実は、本書のここまでの説明の中で、すでにいくつかの構造を紹介しています。**シンプル図解では□○△を使い、誰でも素早く簡単に描けるように工夫をして**います(図2.7.1)。

● □○△の使い分け

　シンプル図解で用いる□○△の使い分けについて、説明します。

　□と○は、一つひとつの話題を囲むときに用います。囲むことで、話題を明確にします。□は角ばっているので整然とした印象を与え、○は柔らかい印象になります。1つの図解の中では、どちらか一方に統一します。□や○で囲んだ話題を配置したり線でつないだりして、構造に合わせて図解します。

　△は、個々の話題が上下の関係にある「階層」という構造でのみ用います。□や○のように、一つひとつの話題を囲むときには用いません。

口頭で説明するときのポイント

　図解に加えて口頭でも構造を意識した伝え方をすることで、聞き手にとってよりわかりやすい説明ができます。

　口頭では、[要約] → [詳細] → [まとめ] の順で伝えるのがポイントです。さらに要約、詳細、まとめのそれぞれで構造を使った伝え方をすると、わかりやすさが格段に向上します(図2.7.2)。

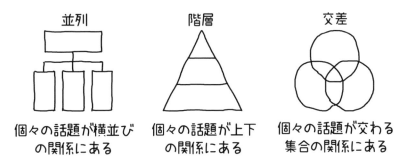

図2.7.1　シンプル図解の例

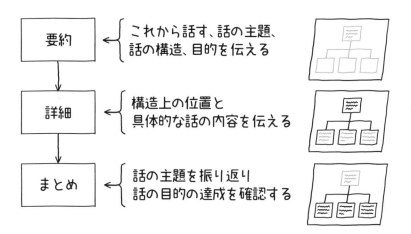

図2.7.2　シンプル図解の口頭での説明の仕方

「要約」の伝え方のポイント

　要約では、「主題」「情報の構造」「目的」の3つを伝えます。いくつか例をあげて
みましょう。

\<例1\>

わが社の商品について、	←主題
特長を**3点**説明します。	←情報の構造
ご購入の**検討**をお願いします。	←目的

\<例2\>

先日のネットワーク障害について、	←主題
原因と対策の**2点**説明します。	←情報の構造
当社の対策について**承認**をお願いします。	←目的

\<例3\>

開発プロジェクトの進捗について、	←主題
先週の予定と実績、今週の予定の**順で**説明し、	←情報の構造
私の活動を**共有**します。	←目的

● 「主題」を伝える :「〜について」

　これから何について伝えるか（＝主題）を、話し手と聞き手が共に知っている用
語で簡潔に伝えます。その際、「『〜について』説明します」というと、主題がより
はっきりします。

　その他のポイントとしては、「例の件」「あの件」といった指示語は用いず、具体的
な固有名詞を用います。例えば、「X社の営業管理システム」「先週発生したWeb申
込システムの障害」「Web受発注システムのプロジェクトの進捗」という表現を使
います。固有名詞を用いることで聞き手は主題と自分との関係を直接結び付け、
情報を受け取る意義をすぐに理解します。

● 「情報の構造」を伝える :「〜点で説明し〜」「〜の順で説明し〜」

　これから伝える情報の構造を伝えます。「〜について、3点、説明します」というように伝える情報の個数を示すとよいでしょう。これから伝える内容に話題がいくつあるのかを伝え、それがどのような関係にある(＝構造)のかも伝えます。構造が複雑な場合は、口頭だけで伝えるのは難しいものです。そこで、わかりやすくするために図解します。

　話し手の説明により、聞き手は、話の全体像と個々の話題を受け取るための枠組みを頭の中に作り、話を理解するための準備をします。

● 「目的」を伝える :「〜をします」「〜をお願いします」

　要約の最後に、聞き手に期待する行動や望ましい状況といったコミュニケーションの目的を伝えます。

　聞き手は、理解した情報を基に、意思決定・行動・助言のための判断を行います。

「詳細」の伝え方のポイント

　「詳細」は、情報の構造に従って伝えます。ポイントは、「特長の1点目は〜」のように、話題の詳細な内容を伝える前に、聞き手の頭の中にできた枠組みのどこに相当するかを示すことです。

　構造が複雑な場合には、口頭で構造と詳細を伝えるのは難しいものです。図解して、対応する話題の場所を示しながら伝えましょう。

　構造に従った伝え方の詳細は後述します。

「まとめ」の伝え方のポイント

　「まとめ」では、話題の主題を振り返り、話題の目的を確認します。「要約」で示した話題の目的について話し合います。そして、聞き手が期待する行動や望ましい状態になったかを確認します。

　次節では、いよいよ10個の基本構造について説明します。

技術2：情報の構造の種類 （Structure）

2.8

10個の基本構造

　シンプル図解で用いる10個の基本構造は、多くのビジネスシーンで実際に見かけるものです。ここでは主な図解例、特徴、主な伝達内容、口頭での要約と詳細の伝達例を構造ごとに簡単に説明します。「特徴」と「主な伝達内容」を参考に、話題の関係から基本構造を選択します。主な図解例を用いて図解で視覚化し、口頭での要約と詳細の伝達例を用いて口頭で伝えます。

表2.8.1　基本構造についての詳細な説明内容

主な図解例	構造の特徴を□○△などの図形を用い素早く簡単に描ける図解の例
特徴	適切な構造を選択するために、個々の話題の関係の特徴を示したもの
主な伝達内容	資料を作成する場合、資料の目的や表題から内容を検討する場合に利用
口頭での要約の伝達例	口頭で説明する場合、要約での「情報の構造」の伝え方を示したもの
口頭での詳細の伝達例	口頭で説明する場合、詳細での「情報の構造」に従った伝え方を示すもの

並列

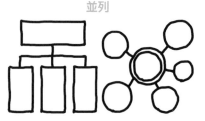

特徴 個々の話題が横並びの関係にある

内容 構成、体系、分類、要素

要約 話題と総数を示す
例）Xは、A、B、Cの3点です。

詳細 話題の前に数を示す
例）1点目のAは……

図2.8.1　並列

順列

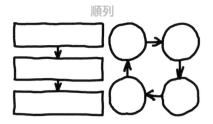

特徴 個々の話題の順番が決まっている

内容 順番、手順、プロセス、循環

要約 「順番」「手順」「循環」などの用語を使う
例）Xの順番を…、Xの手順を…

詳細 話題の前に順番を示す
例）1番目のAは……

図2.8.2　順列

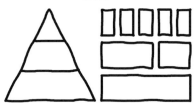

階層

特徴 個々の話題が上下の関係にある

内容 階層、主従

要約 話題と階層の総数を示す
例）Xは、A、B、Cの3階層です

詳細 階層の位置を示す
例）1階層目のAは……、
下の層のAは……

図2.8.3　階層

段階

特徴 個々の話題が上下の関係にあり、
時間で変化する

内容 変化、成長、進化

要約 話題と段階の総数を示す
例）Xは、A、B、Cの3段階です

詳細 時間の変化に従って、段階の位置
を示す
例）1段階目のAは……、
下段のAは……

図2.8.4　段階

交差

特徴 個々の話題が交わる集合の関係
にある

内容 共通点、相違点、AND／OR

要約 話題と総数を示す
例）Xは、A、B、Cの3つの集合の
交差です

詳細 話題の交差における位置を示す
例）A、B、Cの重なる部分は……、
Aに含まれないBの部分は……

図2.8.5　交差

包含

特徴 個々の話題が含まれる集合の関係
にある

内容 大小、範囲、全体／部分

要約 話題と包含する総数を示す
例）Xは、A、B、Cの3重の包含で
す

詳細 包含の位置を示す
例）小さな集合のAは……、
中心のAは……

図2.8.6　包含

比較

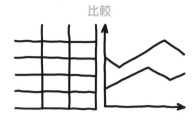

特徴	個々の話題を比べる
内容	比較（複数の比較案と評価項目）、一覧
要約	比較する話題と比較する項目を示す 例）XとYの2案を、A、B、Cの項目で比較し…
詳細	比較案と評価項目を示す 例）案Xの項目Aは……

図2.8.7　比較

配置

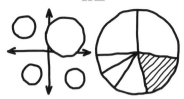

特徴	個々の話題の全体における位置付けを示す
内容	位置付け、配置、内訳
要約	全体像（軸や尺度の意味）を示す 例）横軸にX、縦軸にYで配置し……、Zの割合で並べ……
詳細	軸や尺度を用い位置を示す 例）右上のXが大きくYも大きいAは……、Zの割合が2番目に大きいBは……

図2.8.8　配置

相関

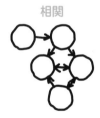

特徴	個々の話題が相互に関係する（相関関係、因果関係など）
内容	相関、因果、関係、ネットワーク、システム
要約	話題の関係を示す 例）Xについて、A、B、Cの3つの関係を…… ※A、B、Cの題名は、相互の関係がわかるように付ける
詳細	題名を示し、内容を説明する 例）AとBは、○○の関係にあり……

図2.8.9　相関

推移

特徴	構造化した話題が時間で変化する
内容	変化、成長、進化、推移
要約	変化する話題（Xについて）と、変化の時間要素（XX年とXX年、使用前と使用後、現在と将来）を示す 例）Xについて、使用前と使用後で……
詳細	時間要素を示し、内容を説明する 例）使用前は……、使用後は……

図2.8.10　推移

情報の構造を選択するためのチャート

個々の話題の関係に着目し、10個の基本構造から適切な構造を選択します（図2.8.11、図2.8.12）。とはいえ、正解があるわけではありません。あなたが感じる話題の関係が、適切な構造です。あなたが個々の話題の関係をどう感じ、どう捉えているかで構造を選択すればいいのです。

例えば、新しくプロジェクトに参加した同僚にチーム編成を紹介する場合、各チームの責任と役割を、並列を用いて説明します。作業手順を説明する場合は、説明の順番が重要なので順列を用います。

今後のキャリアプランを紹介するときは、成長を示す段階を用います。キャリアプランを考える際には、やりたいコト（Will）、できるコト（Can）、やるべきコト（Must）の交差のフレームワークを用いて対話します。

プロジェクトで導入を検討しているツールやサービスであれば、比較を用いて分析を依頼します。プロジェクトで取り掛かっているタスクについては、重要度と緊急度の2軸の配置の図解を用いて説明するとよさそうです。

プロジェクトにかかわるステークホルダーなどの関係を示すには、相関を用います。そして今までのプロジェクトで取り組んできた開発内容は、推移を用いて説明します。

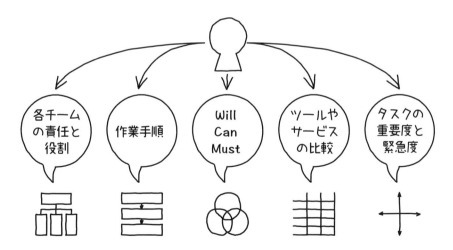

図2.8.11　あなたが感じる話題の関係から適切な構造を選択

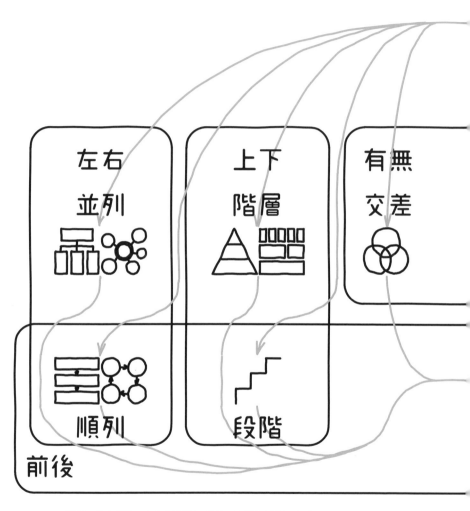

図2.8.12　10個の基本構造の全体像（話題の関係から構造を選択する）

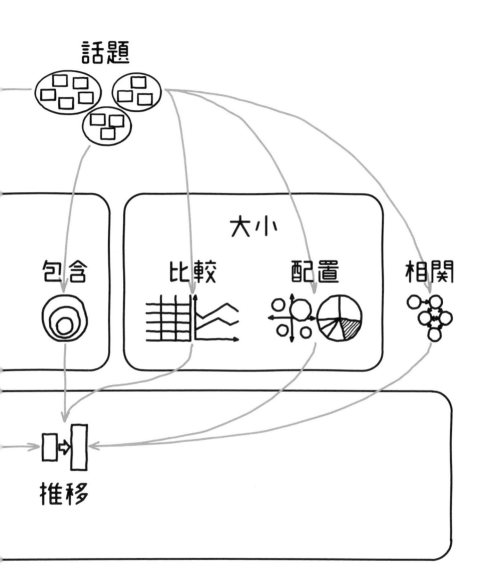

話題

包含

大小

比較

配置

相関

推移

2.9 技術3：実践の型（Style）

3つの型で実践し、成果を出す

実際のビジネスシーンで活用するための行動を、実践の型として紹介します。いくら頭でわかったつもりになっていても、実践しなければ習得できませんし成果も期待できません。

シンプル図解では実践するために3つの型を用います。具体的な事例はChapter3で紹介します。

あなたが話し手として自分の考えを「描きながら伝える」型

あなたが話し手として聞き手に考えを伝える場面では、伝えることをその場で図に描きながら話します。その場で図に描きながら伝えることで聞き手の理解を助け、速く確実な理解につながります（図2.9.1）。

ポイントは、簡潔でわかりやすい図を描きながら伝えることです。図を見て話の全体像がわかると、相手は安心して詳細な情報を受け取ることができます。

あなたが聞き手として相手の考えを「描きながら聞く」型

聞き手のあなたが話し手の考えを聞く場合は、その場であなたが聞いたことを図に描きまとめます。その場で図に描きながら聞くことであなたの理解を示すことになり、話し手は自分が話したことがきちんと相手、つまり聞き手であるあなたに伝わっているかをすぐに確認できます。聞き手が誤解している場合には、その場で話し手が修正してくれるので、誤解がすぐに解消します（図2.9.2）。

ポイントは、聞き手であるあなたが聞いたことを図で描き、相手に見せることです。その際、聞いた情報を親和図で描きます。親和図については、Chapter3でも説明します。

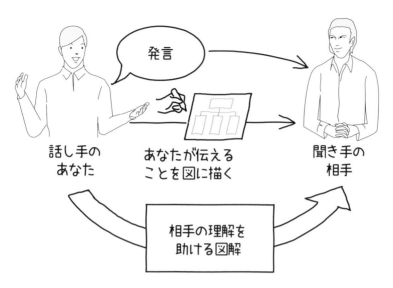

図2.9.1 「描きながら伝える」型のイメージ

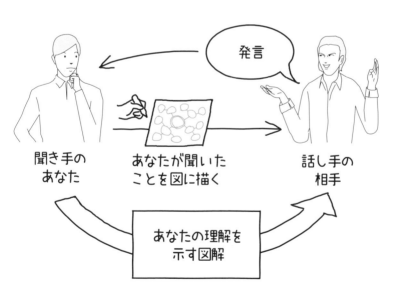

図2.9.2 「描きながら聞く」型のイメージ

● 親和図による効果

　親和図とは、情報をその関係によって分類し、まとまりを作って描く方法です。親和図にすることで、話し手の情報を聞き手がどのように理解したのかを示すことができます。聞き手が描いた親和図を話し手に見せることは、聞き手の理解を見せることです。聞き手の受け取った内容を、話し手にフィードバックすることになります。

　話し手は、聞き手の理解をフィードバックとして受け取ることで、自分が発した情報が適切に聞き手に届いたか、意図した通りに理解されたか、誤解や間違いヌケやモレがないかを確認することができます。もし意図した通りでない、誤解や間違いヌケやモレがある場合には、違う点を修正するための新たな情報の提供を行います。これにより、速く確実な相互理解を実現できます。

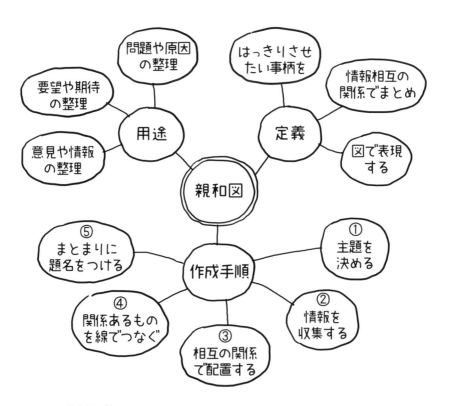

図2.9.3　親和図の例

あなたが他者と対話して「描きながら一緒に考える」型

聞き手でも話し手でもあるあなたと、話し手でも聞き手でもある相手が課題や解決策を考える場合、その場で相互の発言を図に描きながら、対話します。その場で描きながら一緒に考えることは、お互いの発言を分類したりまとめたり関係付けたりすることで、相互の理解を助け、新しいアイデアを創造することができます。親和図や構造化した図解を見ながら一緒に考えることで、速く確実な相互理解を実現します。

ポイントは、あなたの意見や考え、相手の意見や考えを、あなたがその場で図に描くことです。こうすることで、聞き手と話し手の立場を超え、課題や解決策を一緒に考える仲間という関係ができあがります。図解することで状況や考えが整理され、新しい気付きやアイデアが生まれ、課題の解決に向け一緒に行動することができるようになります。

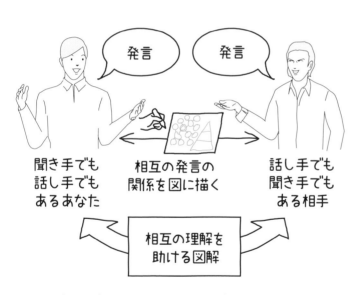

図 2.9.4 「描きながら一緒に考える」型のイメージ

基本構造はどうして10個なのか

　シンプル図解には、10個の基本構造があります。この10個の基本構造は、一般に販売されている図解に関する書籍を基に分析して抽出したものです。

　書店や図書館で図解に関する書籍を探すと、数冊から数十冊程度見つけることができます。それらの中から1冊を手に取り、パラパラとめくると、「このような図解を使うとよいですよ」という説明と共に、複数の図解が紹介されています。ある書籍では4種類の図解、別の書籍では10種類、また別の書籍では25種類と、その数はまちまちです。

　筆者はそうした図解に関する書籍を分析し、どのくらいの種類の図解があるかを調査しました。そして、多くの書籍で紹介されている上位10種の図解を選定したのが、シンプル図解の基本構造です。

　皆さんは、パレートの法則というのをご存知ですか。複数要素のうちの一部の要素が、全体の大部分を占めている、という経験則です。別名「80対20の法則」ともいわれます。このパレートの法則を図解の調査に当てはめ、上位20%である10個の図解を導きました。

　この上位20%に相当する10個の基本構造を一つひとつ理解することによって、身の回りにある80%の情報を構造化して表現できるでしょう。

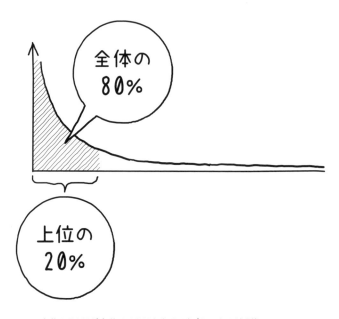

図1　上位の20%が全体の80%を占める（パレートの法則）

シンプル図解の
お手本・実践編

本章では、2つの要素と3つの技法を
具体的にどう使うのかを説明していきます。
実際にシンプル図解を使って
コミュニケーションする様子を
紙面上で再現してみます。

「描きながら伝える」型での コミュニケーション例

事例：シンプル図解の目的と情報の構造化の手順を紹介

　「描きながら伝える」型の事例として、ここでは「シンプル図解の目的と情報の構造化の手順」を、シンプル図解を用いて伝えてみます。その場でどのような図を描き、それと同時にどのように話すと効果があるのか、参考にしてみてください。

＜登場人物＞

- 講師：話し手。プロジェクトリーダー。お客さまとのコミュニケーションを改善するためにシンプル図解を習得。仕事のコミュニケーションのほとんどでシンプル図解を実践。お客さまからの信頼も厚い。チームからは、図解先輩と呼ばれている。

- 参加者A：聞き手。図解先輩を尊敬してやまないシステムエンジニア。見よう見まねでシンプル図解を使おうとしている。しかし、なかなかうまくできないため図解先輩に頼み、勉強会を開催してもらう。同期の仲間3名を誘って参加。

- 参加者B〜D：聞き手。システムエンジニア2名、営業1名。社内外でのコミュニケーションを改善し、手戻り作業を減らし、お客さまに響く提案をしたいと考えている。

＜シチュエーション＞

- IT関連会社でのチーム内勉強会
- 本節で紹介するのは「描きながら伝える」型の事例なので、参加者は特に発言していません。

＜事前に準備したもの＞

- ホワイトボード、マーカー

講師：これから、シンプル図解について紹介します。

図3.1.1　伝える主題をわかりやすい所に描く

講師：シンプル図解の目的は、速く確実な相互理解です。そのためのコミュニケーション技法として開発されました。

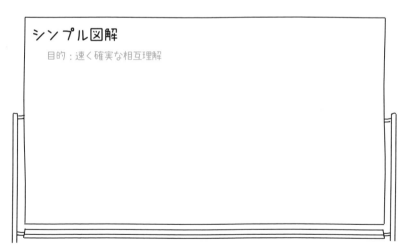

図3.1.2　主題の下に、ここでの話題「シンプル図解の目的」の内容を描く

講師：この「速く確実な相互理解」を実現するために、シンプル図解は論理的な思考と直感的な表現の2つから構成されています。

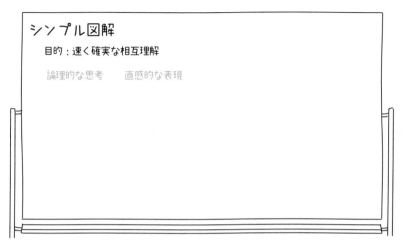

図3.1.3　次の説明の内容を描く

講師：論理的な思考とは、具体的には、情報を構造化することです。直感的な表現とは、具体的には、図解で視覚化することです。

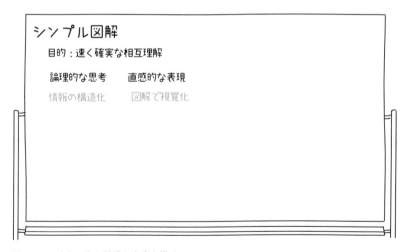

図3.1.4　さらに次の説明の内容を描く

講師：「情報の構造化」と「図解で視覚化」の2つを融合させることで、「速く確実な相互理解」を実現します。シンプル図解の正式名称である「ストラクチャードコミュニケーション」のストラクチャードとは、「構造化された」という意味です。

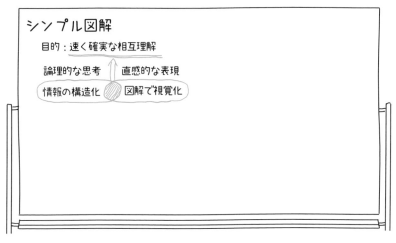

図 3.1.5　融合を「交差」で表現し、重なる部分と目的の関係を描く

講師：シンプル図解の手順について説明します。最初の手順は、情報の収集です。コミュニケーションの目的を達成するために必要な情報を収集します。

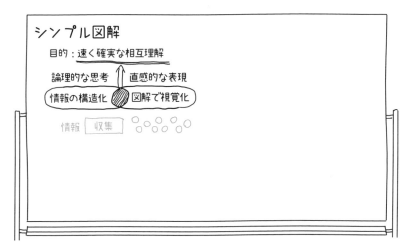

図 3.1.6　シンプル図解の「Step 1」を「順列」の構造を前提に描く

講師：次に、情報を分類し、話題にまとめます。収集した情報はいくつかのまとまりに分けます。この分類したまとまりを、シンプル図解では話題と呼びます。この例では、話題が3つあります。

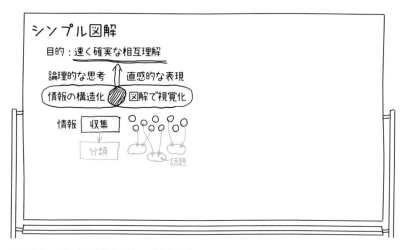

図3.1.7　シンプル図解の「Step 2」を描く

講師：次に、情報の構造化を行います。話題の関係に着目し、構造を決定します。シンプル図解では、並列、階層、交差といったビジネスシーンで使用する頻度の高い構造を10個用意しました。その10個の中から話題の関係を基に構造を選択します。

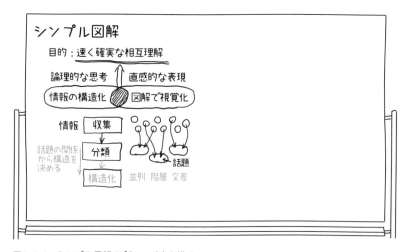

図3.1.8　シンプル図解の「Step 3」を描く

講師：最後に、視覚化を行います。選択した構造に適した図解表現を用いて視覚
　　　化を行います。

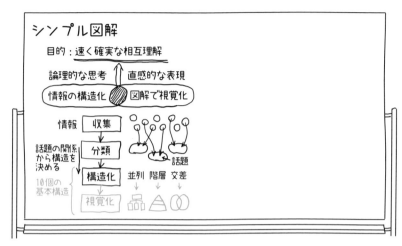

図3.1.9　シンプル図解の「Step 4」を描く

●「描きながら伝える」型のまとめ

　「描きながら伝える」型の場合は、このようにその場で図に描きながら、内容を
話しながら伝えます。

　図を描くことで、聞き手が話の構造を速く理解し、話して伝えることで確実な相
互理解が可能になります。

　なお、ここで紹介した事例では、交差、順列などの構造を使っています。

3.2 「描きながら聞く」型での コミュニケーション例

事例：コミュニケーションのポイントを聞く

　「描きながら聞く」型の事例として、ここでは一般論としてコミュニケーションで注意している点を聞きます。その場でどのような図を描き、それと同時にどのような話をすると効果的なのか、参考にしてみてください。

　この型では**親和図**を使用します。親和図の詳細については**3.3**で説明します。さらに、親和図を使うと有効な場面については、Chapter 5で詳細を紹介しています。

<シチュエーション>

　IT関連会社向けのスキルアップ研修。3.1で行った説明の続きです。

講師：コミュニケーションには「伝える」と「聞く」の2つの方向があります。あなたが話し手として何かを「伝える」場合、どのような工夫や注意をしていますか。

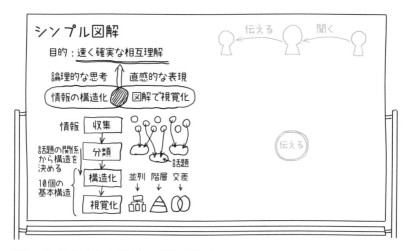

図3.2.1　聞く主題を中央に描き、二重丸で囲む

参加者A：最初に結論を言うようにしています。

講師：「最初に結論」、ありがとうございます。他には、どのような工夫があります
　　　か。

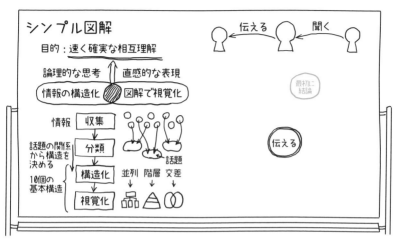

図3.2.2　発言の要点を○で囲い、描く

参加者B：私は、目を見て話すことを心掛けています。

講師：「目を見て話す」ですね。先ほどの、「最初に結論」とはあまり関係を感じな
　　　いので、遠く離れた所に描きます。

参加者C：それに近いことでは、身振りや、手振りを使うかな。

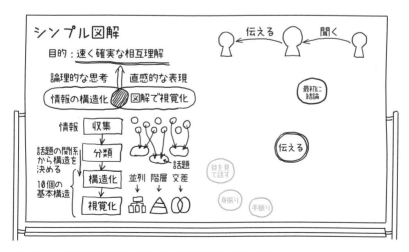

図3.2.3　関係を感じなければ遠くに、関係を感じれば近くに描く

参加者C：あと、わかりやすい言葉を使うとか、専門用語を避けることも気を付けます。

講師：なるほど、これも今までのものとは、関係がなさそうですね。

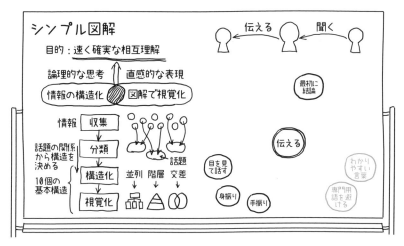

図3.2.4　発言の関係を感じ、まとめながら描く

参加者A：私は早口なので、ゆっくり話すように気を付けます。

参加者D：語尾までハッキリ話すとか、間を取るとかも気を付けます。

講師：今の3つは、「話し方」に関係する工夫点のように思えます。いかがですか。

　　（参加者全員がうなずく）

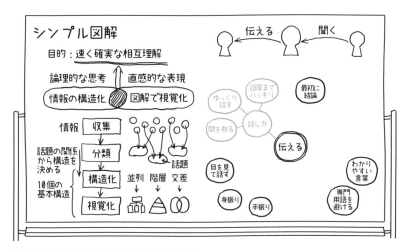

図3.2.5　関係のある発言に題名を付ける①

参加者B：私は、事実と意見を分けることを心掛けています。

講師：なるほど、「事実と意見を分ける」……。この右下辺りは、話す「内容」に関係する工夫点のようですね。いかがですか。

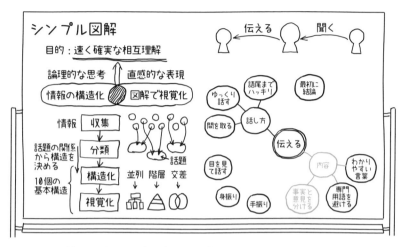

図3.2.6　関係のある発言と題名を線でつなぐ①

講師：では、この左下の身振りなどは、何という題名がよいでしょう。

参加者D：ノンバーバル、非言語のコミュニケーションはどうですか。

参加者A：だったら、先ほどの「話し方」は「バーバル」、言語でのコミュニケーションのほうがよいですね。

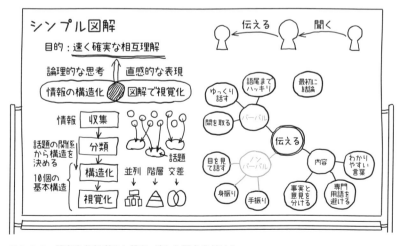

図3.2.7　題名を参加者にも聞き、適した題名を付ける

講師：では、この「最初に結論」は、何という題名でしょうか。

参加者C：順番と構成かな。

講師：なるほど、「順番」としておきましょう。

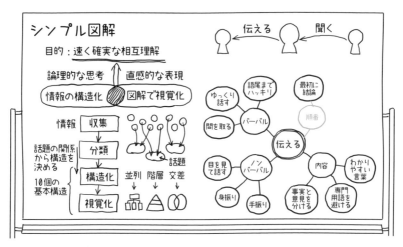

図3.2.8　関係のある発言に題名を付ける②

講師：他には、ないですか

参加者D：理由や事例を言うというのもあります。

講師：なるほど、「理由」や「事例」ですね。

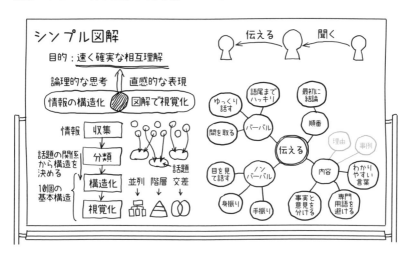

図3.2.9　関係のある発言と題名を線でつなぐ②

参加者D：あっ、すみません。それは「内容」ではなくて、「順番」のほうです。

講師：え、どういうことですか？

参加者D：最初に結論・ポイント(P)を述べて、次に理由・リーズン(R)、次に事例・エズサンプル(E)、最後に結論・ポイント(P)を再度確認する。PREPのことです。

講師：なるほど。「結論」「理由」「事例」、そして「結論」という順番ですね。わかりました。私が誤解していました。

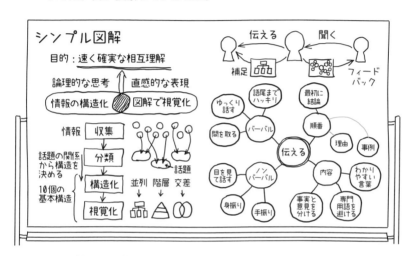

図3.2.10　関係を見える化することで誤解を発見できる

講師：今までの内容を、まとめておきましょう。

　　　伝えるときの工夫点として、4つ聞きました。「バーバル」「ノンバーバル」、それから「内容」と「順番」。

　　　以上4つが、皆さんの「伝える」ときの工夫でした。

● 「描きながら聞く」型のまとめ

　このように「描きながら聞く」型の場合は、その場で親和図を描きながら、話を聞きます。

　親和図を描くことで、情報の関係が明確になります。誤解を発見し、修正することもできました。

親和図の役割と描き方

親和図で情報の収集と分類を同時に行う

「描きながら聞く」型では、親和図を利用します。**親和図**は、相手の発した情報を聞き手がどのように理解し、どのような関係だと感じたかを示すものです。シンプル図解の「構造化の手順」でいうと、「情報の収集と分類を同時にする」ことになります。

あなたが聞き手としてその場で親和図を描くことは、つまり、相手の発した情報を聞き手であるあなたがどのように理解し、どのような関係に感じたかを**相手にフィードバックする**ことになります。情報の収集と分類を同時に行えるため、速く確実な相互理解を実現できます（図3.3.1）。

親和図で誤解を発見し、解消する

聞き手であるあなたが描いた親和図を話し手である相手に見せることで、「聞き間違い」「指示語の間違い」「関係の誤解」という3つの誤解を発見し、解消することできます。

「ヒシダ」なのに「ニシダ」と聞こえたといった**聞き間違い**は、文字にして相手に見せればすぐに発見、誤解を解消できます。

指示語の間違いは、指示語が使われたときに確認し、解消します。例えば、「あの発言」「その項目」などと聞いた場合は、対応する箇所を示して確認します。描いた内容以外の場合は、それを具体的に聞き、描くことで確認します。

関係の誤解は、発見と誤解の解消がなかなか難しいです。ここでは、Chapter 1で述べた「青い水玉のドレス」の例で説明しましょう。

親和図では「青い」「水玉」「ドレス」を個々に描き、○で囲んで、関係を線でつないで明確にします（図3.3.2）。聞き手は描いた親和図を相手に見せ、理解が間違っていれば指摘してもらい、その場で修正すればいいのです。

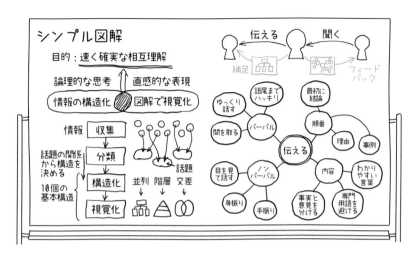

図3.3.1　描きながら聞くことは、聞き手の理解をフィードバックすること

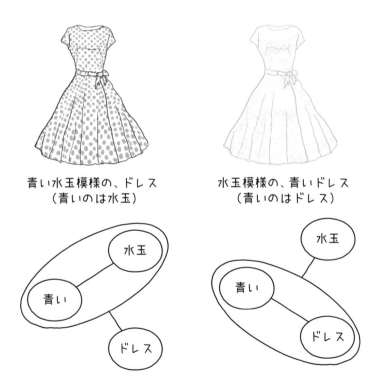

青い水玉模様の、ドレス
（青いのは水玉）

水玉模様の、青いドレス
（青いのはドレス）

図3.3.2　関係の誤解は、関係を示すことで解消

親和図を描いてみよう

それでは、親和図の描き方を説明します。

●①主題を中央に描き、二重丸で囲む

まず、主題をホワイトボードや用紙の中央に描きます。そして、二重丸で囲みます(図3.3.3の①)。中央に描くことで主題が明確になります。これにより、話が脱線したときに話を主題に戻すことが容易になります。二重丸で囲むのは、要素が多くなったときに、主題がどれかわからなくなるのを避けるためです。

もしも主題がはっきりしない場合や不明な場合は、空白でも致し方ありません。その場合は、二重丸だけを中央に描きます。

●②発言を単語や短文に区切り、〇で囲む

最初の発言を、主題から少し離して右上(または左上などの描きやすい位置)に単語や短文で描きます。そして、〇で囲みます(図3.3.3の②)。

単語や短文で描くのは、文章で記述することにより、関係の誤解が文章の中に紛れ込むのを防ぐためです。また、〇で囲むことで一つひとつの要素が明確になります。これにより、後で要素の関係を考えるときもわかりやすくなります。

●③発言の関係で周囲に配置する

以降の発言を、それら相互の関係(内容が似ている・つながりが強いなどの関係)を考えながら主題の周囲に描きます。関係は、聞き手の直感で判断します。関係がある(内容が似ている・つながりが強い)と感じれば近くに、関係がない(内容が異なる・つながりが弱い)と感じれば遠くに描きます(図3.3.3の③)。

この時、あくまでも聞き手の直感で、関係の有無や強弱を判断します。相手がどう考えているかを考えると、すぐに悩んでしまいます。聞き手の判断で関係を示します。その関係を相手に示しフィードバックすることで、相手の考えと同じか違うかを相手に判断してもらいます。

①主題を中央に描き、二重丸で囲む

伝える場合の工夫や注意を聞くことにします。中央に「伝える」を二重丸で囲みます。

②発言を単語や短文に区切り、○で囲む

発言の要点を短文で描き、○で囲みます。筆者は右利きなので、右上から描き始めます。

③発言の関係で周囲に配置する

最初の発言を右上に配置した場合、次の発言が関係がないと感じれば、その発言は左下に描きます。後は、右下、左上の順でまとまりを作りながら親和図を描き進めます。

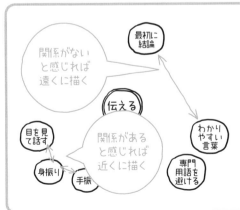

図3.3.3　親和図の描き方

- ④関係のある要素を線でつなぐ

　会話が進み、描いた要素の数が増えていくと、いくつかのまとまりが現れます。関係のある要素と主題との間に〇を描き、関係があると感じる要素を線でつなぎます。〇の中には、関係のある要素を代表する題名を描きます（図3.3.4の④）。

　もし、よい題名が思い浮かばない場合は、話し手と一緒に題名を考えてもよいでしょう。

- ⑤発言のまとまり（話題）を確認する

　発言が一段落し親和図ができてきたら（図3.3.4の⑤）、話題の数とそれぞれの話題の内容を確認します。例えば、次のような言い回しで確認しましょう。

　「今までの内容を私なりにまとめると、大きく4点の話題と理解します。1点目は順番。2点目は内容。……。この理解でよろしいでしょうか」

親和図から構造化・視覚化

　親和図で話題を見つけたら、話題の関係を基に構造化し、視覚化することができます。

- ⑥話題の関係に着目し構造化する

　話題が確認できたら、話題の関係に着目し、10個の基本構造から適切な構造を選択します（図3.3.4の⑥）。

- ⑦構造に合わせて視覚化する

　構造を選択したら、構造に合わせて視覚化し（図3.3.4の⑦）、相手に見せて確認します。その際、「先ほどの話を私なりにまとめると、このような構造になると考えます。いかがでしょうか」と、自分の理解を相手に確かめてもらう姿勢で臨みましょう。

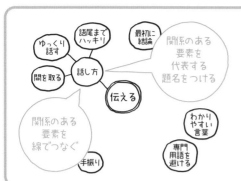

④ 関係のある要素を線でつなぐ

左上にまとまり(話題)ができました。内容から、題名を考えます。ここでは「話し方」という題名を付けます。

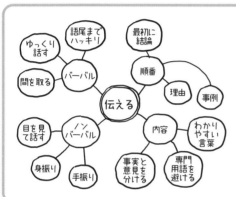

⑤ 発言のまとまり(話題)を確認する

できあがった親和図です。主題から4本の線でつながった題名が、4つの話題を示しています。4つの題名につながった要素が、それぞれの詳細を示しています。

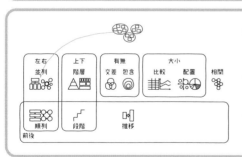

⑥ 話題の関係に着目し構造化する

4つの話題の関係を考えます。ここでは、4つの話題が横並びの関係にある「並列」と考えました。

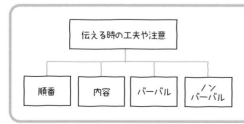

⑦ 構造に合わせて視覚化する

並列の図に4つの題名を描き込み、図解します。

図3.3.4　親和図の描き方の続きと、構造化・視覚化

●練習：親和図を描いてみよう

　次に示すのは、システムエンジニア(SE)がお客さまに要件をヒアリングする場面です。お客さまの話を聞き、親和図を描いてみましょう。

　ここでは、主題を「お客さま要件」としています。

SE：お客さまが現在お困りのことをお聞かせください。

お客さま：会社の成長に伴い、システム環境が合わなくなっています。

SE：具体的には、どのようなことですか？

お客さま：経理・売上・請求など業務ごとに個別のシステムを使用しているため、業務効率が下がっています。その結果、経営指標となるデータ提示に工数と時間がかかっています。

お客さま：現在は案件別に売上を管理していますが、これからは社員一人ひとりを適正に評価し、採算をしっかり管理していくため、個人別の売上も迅速に把握・管理できるようなシステムを実現したいと考えています。

お客さま：さらに、海外への事業展開を進めるため、海外を含むグループ会社の統一管理が可能な基幹システムにしたいと考えています。

SE：ありがとうございました。

　このやりとりから、筆者は次のような親和図を描きました。

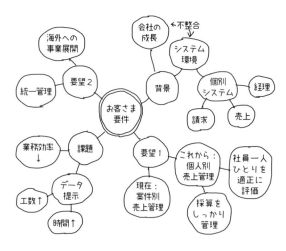

図 3.3.5　「お客さま要件」の親和図

10個の基本構造をマスターしよう

本章では、シンプル図解で用意している
10個の基本構造について紹介します。
シンプル図解では話題の関係によって
構造を決めます。
この関係をどのように感じるかは人それぞれで、
正解はありません。

4.1 並列：話題が独立し横並び

「並列」の代表的な図解例と描き方

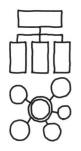

図4.1.1の上図の3つ並んだ四角と、下図の二重丸の周囲にある五つの丸が並列です。

主題は上部中央の四角形、または中央の二重丸に記入します。話題の数だけ四角形または周囲に丸を描き、線でつなぎます。

題名はそれぞれの四角形または丸に記入します。

図4.1.1　並列の図解例

並列の定義、特徴、主な伝達内容、口頭での表現方法

並列は、個々の話題が独立し横並びの関係にあることです。「独立」は一つひとつの話題の間に特別なつながりや関係がない状態のこと、「横並び」はどれが特別ということなく同等である状態のことです。

並列の主な伝達内容は**構成、体系、分類、要素**です。例えば、組織の構成(製造部門、販売部門、管理部門、……)、マニュアルの体系(導入編、運用編、メッセージ編、……)、産業の分類(建設業、製造業、情報通信業、小売業、金融業、……)、情報セキュリティの要素(機密性、完全性、可用性、……)などを伝える際、並列の構造を使用します。

並列を口頭で表現する際のポイントは、要約では「主題」と「話題の総数」を示すことです。例えば総数を「3点」や「3つ」のように、具体的な数値で表現します。

例)○○について3点説明します。

詳細では、**話題の前に数を示します**。数字を初めに言うことで、話題が切り替わったことが相手にはっきりと伝わります。

例）1点目は、〇〇です。2点目は、〇〇です。

並列の具体例

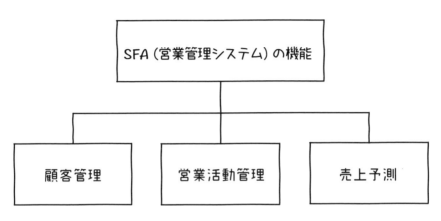

図4.1.2　並列の具体例

　SFA(Sales Force Automation：営業管理システム)の機能について、**3点(情報の構造)紹介します。**

　1点目は、顧客管理(話題1)です。見込み客・既存客に関する情報を全て登録できます。連絡先だけでなく、お客さまの価値観や商談の成否などの情報を登録し共有できます。

　2点目は、営業活動管理(話題2)です。営業の活動を全て登録できます。過去のお客さまとのやり取りや現時点での状況が、報告書代わりになります、また、今後の行動を計画する管理ツールとしても使えます。

　3点目は、売上予測(話題3)です。お客さまごとの営業活動状況から、商談の確度を分析し、より確実に売上予測をたてられるようになります。

並列のその他の例

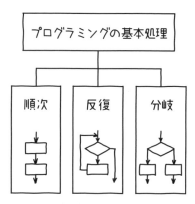

図4.1.3　プログラミングの基本処理

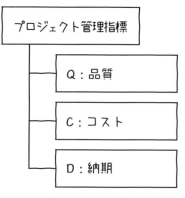

図4.1.4　プロジェクト管理指標(QCD)

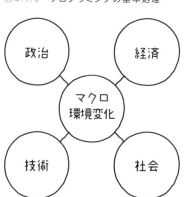

図4.1.5　マクロ環境(PEST)分析

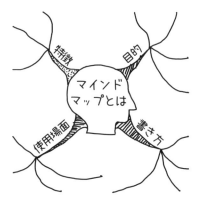

図4.1.6　マインドマップとは

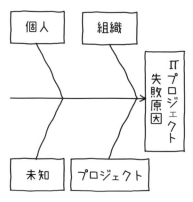

図4.1.7　ITプロジェクト失敗原因

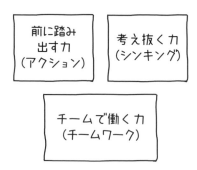

図4.1.8　社会人基礎力

並列のフレームワーク

- 情報収集における汎用的な分類
- 計画立案における汎用的な検討要素

6W4H1G
- What（何を：内容）
- Who（誰が：主体者）
- Whom（誰に：対象者）
- When（いつ：時期）
- Where（どこで：場所）
- Why（なぜ：目的）
- How to（どのように：手段）
- How long（いつまで：期日）
- How many（何回：数量）
- How much（いくら：金額）
- Goal（期待する成果：目標）

図4.1.9　6W 4H 1G

- 企業戦略を考える場合に考慮する要素

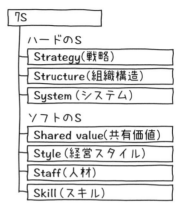

7S
- ハードのS
  - Strategy（戦略）
  - Structure（組織構造）
  - System（システム）
- ソフトのS
  - Shared value（共有価値）
  - Style（経営スタイル）
  - Staff（人材）
  - Skill（スキル）

図4.1.10　7S

- 問題発生要因を解明する場合に考慮する要素

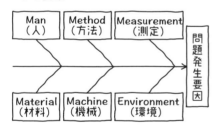

図4.1.11　問題発生要因(5M+1E)

- 問題を定義する場合に考慮する要素

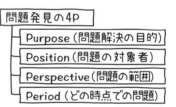

問題発見の4P
- Purpose（問題解決の目的）
- Position（問題の対象者）
- Perspective（問題の範囲）
- Period（どの時点での問題）

図4.1.12　問題発見の4P

- 目標設定を行う場合に考慮する要素

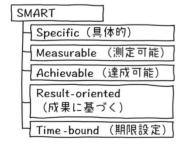

SMART
- Specific（具体的）
- Measurable（測定可能）
- Achievable（達成可能）
- Result-oriented（成果に基づく）
- Time-bound（期限設定）

図4.1.13　SMART

- 物事を多面的に考える場合の要素

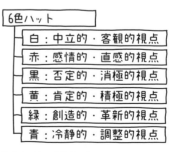

6色ハット
- 白：中立的・客観的視点
- 赤：感情的・直感的視点
- 黒：否定的・消極的視点
- 黄：肯定的・積極的視点
- 緑：創造的・革新的視点
- 青：冷静的・調整的視点

図4.1.14　6色ハット

順列：話題に順番がある

「順列」の代表的な図解例と描き方

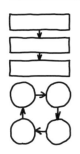

順列は、縦方向であれば上から下へ、横方向であれば左から右へ、四角形または丸で描きます。循環を示す場合は、真上または左上から時計回りに四角形または丸を描きます。

それぞれの要素は矢印でつなぎます。

それぞれの四角形または丸に、題名を記入します。

図4.2.1　順列の図解例

順列の定義、特徴、主な伝達内容、口頭での表現方法

順列では、個々の話題の順番が決まっています。順番は時系列で決まり、順番に沿って情報を伝えます。

順列の主な伝達内容は手順、流れ、循環です。例えば、シンプル図解の手順(情報収集→分類→構造化→視覚化)、稟議承認の流れ(起案→部門承認→経理承認→役員承認)、目標達成の循環(計画→実行→確認→対応→再び計画)といったものを伝える際、順列の構造を使用します。

順列を口頭で表現する際のポイントは、要約では「手順」「流れ」「循環」などの単語を使うことです。

例)○○の手順について説明します。

　　○○の流れについて説明します。

詳細では、話題の前に順番を示します。順番を示すことで、話題が次に移ったことが相手にはっきりと伝わります。

例)1番目は、○○です。2番目は、○○です。

順列の具体例

プログラム開発の作業手順

図4.2.2　順列の具体例

　プログラム開発の**作業手順**(情報の構造) について、各作業における注意点と共に説明します。

　1番目に、仕様をもとにプログラムの設計(話題1) を行います。使用するデータや処理結果として出力するデータの内容や形式を、データ構造として定義します。また、プログラムの具体的な処理の方式や流れをアルゴリズムとして考えます。この2つの作業を確実に行ってください。

　2番目に、コーディング(話題2) を行います。コーディングでは、データや処理の名前をわかりやすく付ける、字下げや改行などを行い見やすくする、コメントを適切に入れ理解を助ける、などに注意します。詳しくは、コーディング規約を確認ください。

　3番目に、作成したプログラムのテスト(話題3) を行います。仕様をもとに要求された機能を満たしているかを検証するブラックボックステスト、プログラムのアルゴリズムをもとに意図したとおりに動作するかを検証するホワイトボックステストを行います。この2つのテストを確実に行ってください。

順列のその他の例

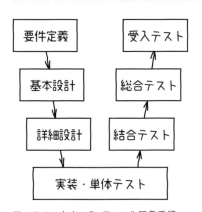

図4.2.3　ウォーターフォール開発手順

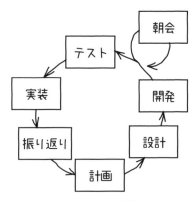

図4.2.4　アジャイル開発手順

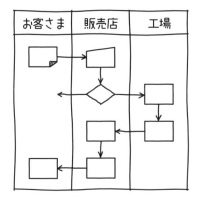

図4.2.5　工場受注処理フロー

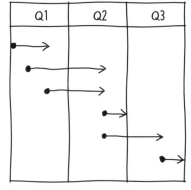

図4.2.6　プロジェクトガントチャート

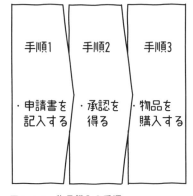

図4.2.7　物品購入の手順

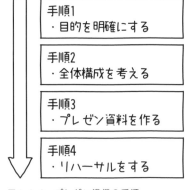

図4.2.8　プレゼン準備の手順

順列のフレームワーク

- 活動が目的を達成するに至る論理的な道筋

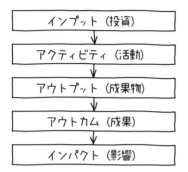

図4.2.9　ロジックモデル

- わかりやすく説明する手順

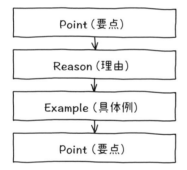

図4.2.11　説明手順(PREP)

- 問題を解決するための手順

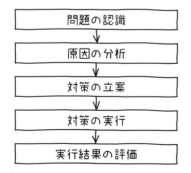

図4.2.13　問題解決手順

- 目標を達成するための作業の循環

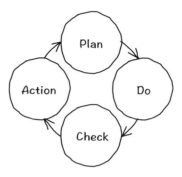

図4.2.10　PDCA

- 日常の経験から学びそれを蓄積する循環

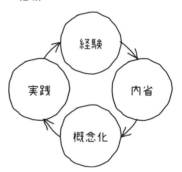

図4.2.12　経験学習モデル

- 集団や組織の知識創造プロセス

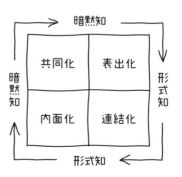

図4.2.14　SECIモデル

099

階層：話題に上下がある

「階層」の代表的な図解例と描き方

　　階層は、初めに階層の全体像を三角形や四角形で描きます。その中に線を引き、必要な階層に区切ります。対応する箇所に、題名を書きます。

　　三角形の場合は上と下で面積が異なるため、上位ほど希少価値がある、難度が高い、権力が集中するといったことを表し、かつそのような印象を与えます。

　　四角形の場合は上と下の面積が等しいので、三角形のような差はありません。

図4.3.1　階層の図解例

階層の定義、特徴、主な伝達内容、口頭での表現方法

　階層の特徴は、個々の話題に上下の関係があることです。上下とは、地位・役割・指揮命令などの上下関係だけではありません。物事を構成する要素をまとめたものや抽象化したものを上位に、分解したものや具体化したものを下位と考えた上下関係も含みます。

　階層の主な伝達内容は階層、上下、主従です。例えば、組織の階層(担当、課、部、本部、会社)、IT資格試験の上下(基本情報技術者試験、応用情報技術者試験、プロジェクトマネージャ試験)、オブジェクト指向によるクラスの主従(子クラス、親クラス)といったものを伝える際、階層の構造を使用します。

　階層を口頭で表現する際のポイントは、要約では「階層」「上下」「主従」などの単語を使い、情報の構造を示すことです。

　例)〇〇の3つの階層について説明します。

　詳細では、話題の前に階層の位置を示します。どの階層かを示すことで、相手

にそれぞれの話題の上下関係がはっきりと伝わります。

例) 最上位の階層は、〇〇です。基盤となる層は、〇〇です。

階層の具体例

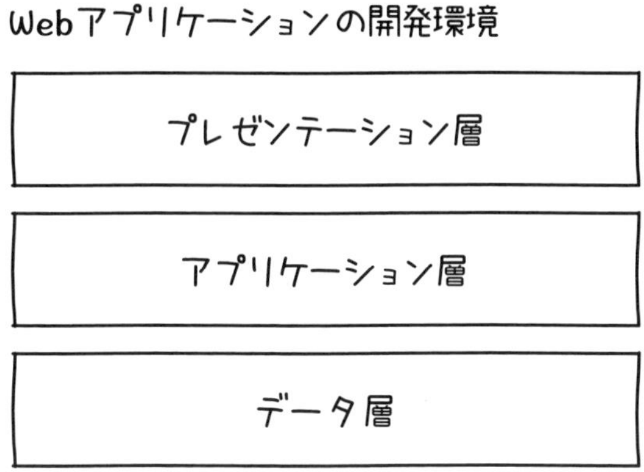

Webアプリケーションの開発環境

プレゼンテーション層

アプリケーション層

データ層

図4.3.2　階層の具体例

Webアプリケーションの開発環境である3つの**階層**構造(情報の構造)と、その
メリットを説明します。

まず、**最上位の層**がプレゼンテーション層(話題1)です。Webページの出力、入
力されたデータの受信など、利用者と直接データのやり取りを行います。そのた
め、お客さまの要望によって最も変化します。

その下の層がアプリケーション層(話題2)です。実際の業務に関わる処理を行
います。Webアプリケーションの中核をなす部分です。

最下位の層がデータ層(話題3)です。データベースへの入出力を集中的に行い
ます。

3つの階層に分けてWebアプリケーションを開発することで、役割を分担するこ
とができ、変化に対応しやすいシステムが構築できます。

階層のその他の例

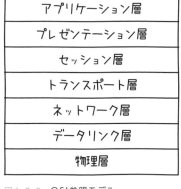

| アプリケーション層 |
| プレゼンテーション層 |
| セッション層 |
| トランスポート層 |
| ネットワーク層 |
| データリンク層 |
| 物理層 |

図4.3.3　OSI参照モデル

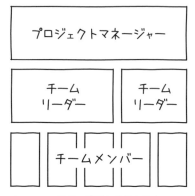

| ITストラテジスト試験 | システムアーキテクト試験 | プロジェクトマネージャ試験 | ネットワークスペシャリスト試験 | データベーススペシャリスト試験 | ‖‖ |
| 応用情報技術者試験 |
| 基本情報技術者試験 |

図4.3.4　情報処理技術者試験体系(一部抜粋)

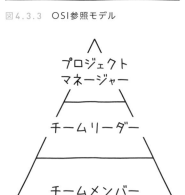

プロジェクト
マネージャー

チームリーダー

チームメンバー

図4.3.5　役割の階層と権限を示す

プロジェクトマネージャー

チーム
リーダー　　チーム
リーダー

チームメンバー

図4.3.6　役割の階層と範囲を示す

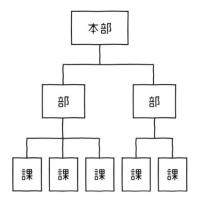

本部

部　　部

課　課　課　課　課

※左の組織図において、2つの部は
並列の関係であり、部と課の関係
は階層の関係となります。

図4.3.7　組織図

階層のフレームワーク

- 企業内における役割の権限

図4.3.8 企業組織

- 戦略的経営のための指標を4つの階層で管理する手法

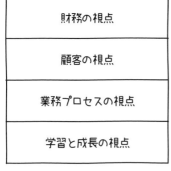

図4.3.10 バランススコアカード

- 人間の欲求を5段階の階層で理論化

図4.3.9 マズローの欲求段階説

- 消費者の商品購入までの心理状況のモデル

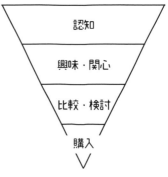

図4.3.11 マーケティングファネル

4.4 段階：話題に上下があり時間で変化する

「段階」の代表的な図解例と描き方

段階では必要な段数を考え、一気に全体の段を描きます。各話題を説明しながら、対応する段階に題名を書きます。

段階では、縦軸が上下を表し、左右が時間の経過を表します。時間は、左から右へと経過します。

図4.4.1 段階の図解例

段階の定義、特徴、主な伝達内容、口頭での表現方法

段階は、個々の話題が上下の関係にありかつ時間による変化を示します。上下の関係にあるという点は階層と同じですが、主眼は時間と共にその階層を移動することにあります。

段階の主な伝達内容は、変化、成長、進化です。例えば、ITに対する経営ニーズの変化(計算処理(EDP)、経営情報処理(MIS)、事務改善(OA)、業務改革(BPR))、チームの成長(Forming、Storming、Norming、Performing)、記憶媒体の進化(磁気テープ、フロッピーディスク、CD-ROM、USBメモリー、SDカード)といったものを伝える際、段階の構造を使用します。

段階を口頭で表現する際のポイントは、要約では「段階」「変化」「成長」「進化」などの単語を使うことです。

例)○○の段階を説明します。

詳細では、話題の前に段階の位置を示します。どの段階か示すことで、それぞれ話題の上下や前後の関係が相手にはっきりと伝わります。

例)1段目は、○○です。

最初の段階は、○○です。

基礎の段階は、〇〇です。

段階の具体例

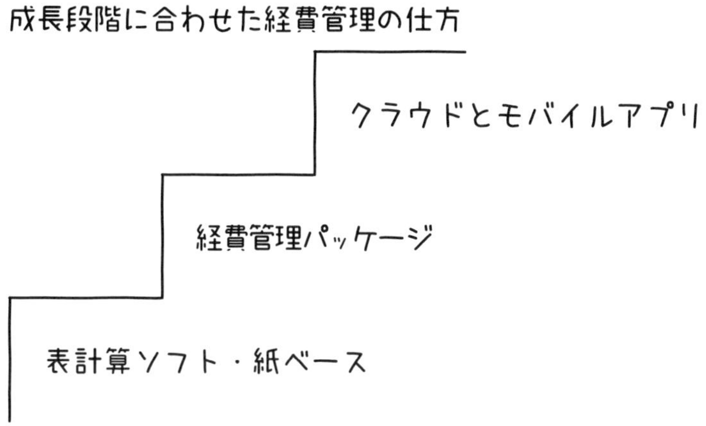

図4.4.2　段階の具体例

　経費管理は事業において不可欠な業務です。事業の**成長段階**(情報の構造)に合わせた経費管理の仕方を説明します。

　事業規模が比較的小さい**最初の段階**では、表計算ソフト(話題1)で経費精算に関する書式が用意され、出張・経費申請プロセスに活用されているケースが多くあります。

　表計算ソフトと紙処理に限界を迎えた**次の段階**では、経費管理パッケージ(話題2)を利用します。バックオフィスの社員の手作業の多くが自動化されます。ただ、現場社員は相変わらず領収書の山と格闘、生産性は変わらず低迷しています。

　そして、**最後の段階**では、社員がクラウドと連携したモバイルアプリ(話題3)を活用し、経費精算を行います。領収書をスマホで撮影し、OCRで経費明細を自動で読み込むことで、現場社員の作業負荷も大幅に軽減できます。

　企業の成長段階に応じた経費管理の仕方を構築することで、新たな効果を期待できます。

段階のその他の例

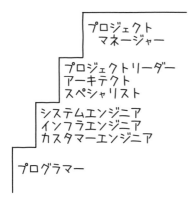

図 4.4.3　ITエンジニアのキャリアパス

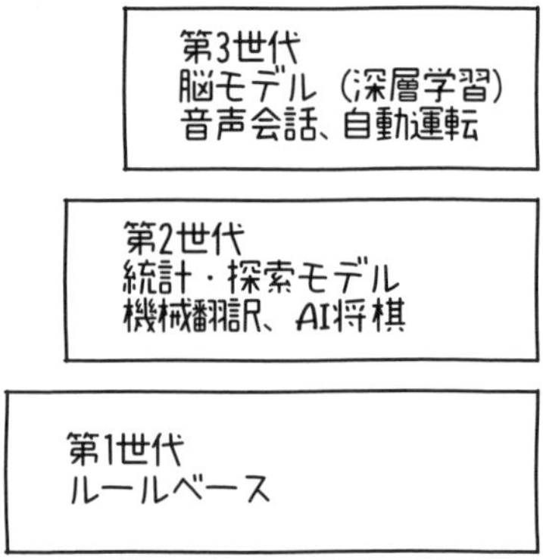

プロジェクト
マネージャー

プロジェクトリーダー
アーキテクト
スペシャリスト

システムエンジニア
インフラエンジニア
カスタマーエンジニア

プログラマー

第3世代
脳モデル（深層学習）
音声会話、自動運転

第2世代
統計・探索モデル
機械翻訳、AI将棋

第1世代
ルールベース

図 4.4.4　人工知能の発展

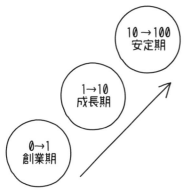

10→100
安定期

1→10
成長期

0→1
創業期

図 4.4.5　新規事業の成長段階

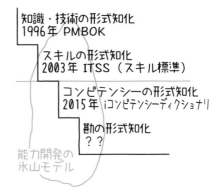

知識・技術の形式知化
1996年 PMBOK

スキルの形式知化
2003年 ITSS（スキル標準）

コンピテンシーの形式知化
2015年 iコンピテンシーディクショナリ

勘の形式知化
？？

能力開発の
氷山モデル

図 4.4.6　プロジェクトマネジメント能力の形式
　　　　　知化の歴史

段階のフレームワーク

図4.4.7　汎用的な段階(初級／中級／上級)

* 技術を学び習得するまでの成長過程

図4.4.8　守破離

* 現状から目標までの行動計画を作成

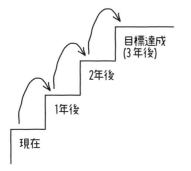

図4.4.9　フォーキャスティング

* 数年後の目標から行動計画を作成

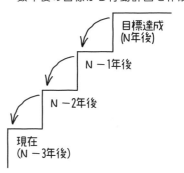

図4.4.10　バックキャスティング

* チームの形成から機能するまでの成長過程

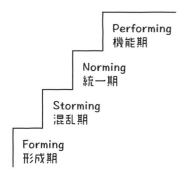

図4.4.11　チームの成長過程(タックマンモデル)

* 組織がプロセスを適切に管理できるかの成熟度レベルの段階的な定義

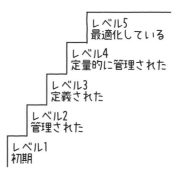

図4.4.12　能力成熟度モデル統合(CMMI)

4.5 交差 : 話題が交わる集合

「交差」の代表的な図解例と描き方

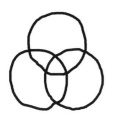

交差では、話題の数の分、丸を描きます。それぞれの話題を説明しながら、対応する部分に題名を書きます。それぞれの話題を説明した後、共通点を説明します。

図4.5.1 交差の図解例

交差の定義、特徴、主な伝達内容、口頭での表現方法

交差では、個々の話題が交わります。複数の話題が共通する部分を持つ、集合の関係にあるのが特徴です。交わった部分（共通点）や、交わらない部分（相違点）を話題にする場合に適しています。

交差の主な伝達内容は共通点、相違点です。例えば、2つの案の共通点、2つの案の相違点といったことを説明するのに適しています。

交差を口頭で表現する際のポイントは、要約では「交差する集合」「共通点」「相違点」などの単語を使うことです。

例）〇〇と〇〇の共通点について説明します。

　　〇〇と〇〇の相違点について説明します。

詳細では、まずは各話題の要素を伝えた後、交差している部分の内容について説明します。

例）1つ目の話題は、〇〇です。2つ目の話題は、〇〇です。

　　2つの話題の共通点は、〇〇です。

　　1つ目の話題だけが持つ〇〇は、……

交差の具体例

DevOpsの位置付け

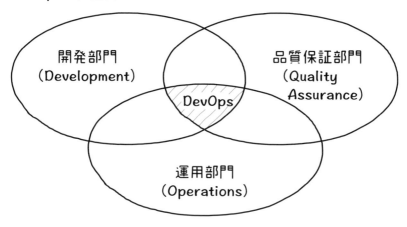

図4.5.2 交差の具体例

DevOps(デブオプス)は、システム開発に関わる3つの部門が連携し、協力する開発手法です。3つの**部門が共通する**(情報の構造)目的を持ち、それを実現するツールや組織文化を提供します。

1つ目の部門は、開発部門(話題1)です。2つ目の部門は、運用部門(話題2)です。3つ目の部門は、品質保証部門(話題3)です。

従来は、開発部門が新しい機能を追加したくても、運用部門がシステムの安定稼働のために変更を加えたがらない、という対立構造が起きていました。これは、個々の部門が独立し、交差する部分がない状況です。

DevOpsでは、**3つの部門が交差**する部分を大きくした状況です。これにより、各部門が、確実かつ迅速にお客さまに新しい機能やサービスを届け続け、システムによってビジネスの価値を高めるという共通の目的を実現するよう、連携し、協力する関係が生まれます。

各部門の役割のうち共通する目的を明確にすることで、連携と協力を生み出すことができます。

交差のその他の例

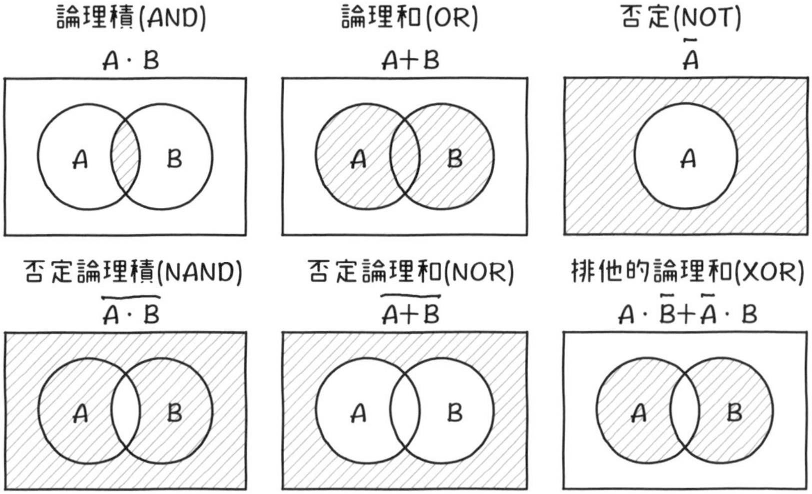

論理積(AND)
A・B
A
B
論理和(OR)
A+B
A
B
否定(NOT)
$\overline{A}$
A
否定論理積(NAND)
$\overline{A \cdot B}$
A
B
否定論理和(NOR)
$\overline{A+B}$
A
B
排他的論理和(XOR)
$A \cdot \overline{B} + \overline{A} \cdot B$
A
B

図4.5.3　論理演算、論理式、図解

機能1
製品B
製品A
機能2
機能3

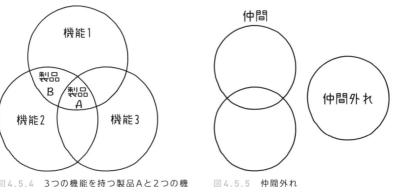

図4.5.4　3つの機能を持つ製品Aと2つの機能の製品B

仲間
仲間外れ

図4.5.5　仲間外れ

ニーズ
シーズ
仲介

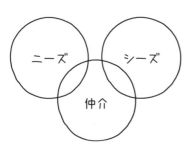

図4.5.6　ニーズとシーズの仲介

交差のフレームワーク

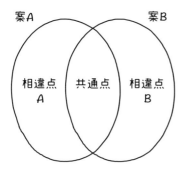

図4.5.7 共通点／相違点

- 私の考えと相手の考えの共通点や相違点を明確にする

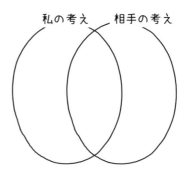

図4.5.8 共通点を見つける

- 現実と理想の共通点や相違点を明確にする

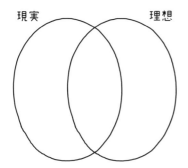

図4.5.9 共通点を見つける

- 個人のキャリア志向を分析する時の視点

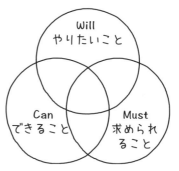

図4.5.10 Will／Can／Must

- 生きがいを構成する要素

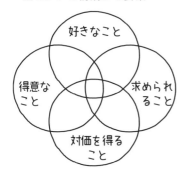

図4.5.11 生きがいの4要素

包含：話題が含まれる集合

「包含」の代表的な図解例と描き方

包含では、まず大きく丸を描きます。その中に必要な数の丸を描きます。それぞれの話題を説明しながら、対応する部分に題名を書きます。

図4.6.1　包含の図解例

包含の定義、特徴、主な伝達内容、口頭での表現方法

包含は、個々の話題が含まれる、集合の関係にあるのが特徴です。物事や概念が示す範囲の、包含関係を話題にする場合に適しています。

包含の主な伝達内容は範囲や全体、部分です。例えば、地理的な範囲(日本、東京都、千代田区……)、科学的な範囲(哺乳類、犬、秋田犬)、概念的な範囲(社会、役割、個人)といった全体と部分を示します。

包含を口頭で表現する際のポイントは、要約では「包含」「範囲」「全体と部分」などの単語を使い、情報の構造を示すことです。

　　例) ○○の包含関係を説明します。

　　　　○○について全体と部分を紹介します。

詳細では、包含関係のどこに位置するかを示しながら、外または内から説明を始めます。外から説明を始めた場合は内に向かい、内から始めた場合は外に向かって、1つずつ説明します。

　　例) 最も外側は、○○です。

　　　　最も広い概念は、○○です。

包含の具体例

事業・業務・システムの関係

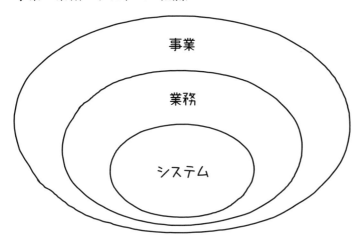

図 4.6.2　包含の具体例

　システム開発の目的を正しく理解するには、それを必要とする事業や業務を理解する必要があります。これらの事業、業務、システムは、**包含**(情報の構造)の関係にあります。

　最も外側にあるのが、事業(話題1)です。事業は、企業ごとの経営戦略により異なります。

　その内側にあるのが、業務(話題2)です。業務は、事業を構成する要素です。販売業務、生産業務、管理業務などです。

　最も内側にあるのが、システム(話題3)です。業務は、人による活動と、ITを利用した活動に分かれます。このITを利用した活動がシステムです。

　システムは、事業や業務のために使われます。よって、システム開発の目的を正しく理解するためには、外側にある事業や業務の目的を理解することが必要です。

包含のその他の例

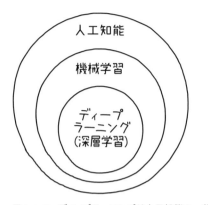

図4.6.3　ディープラーニングは人工知能の一部

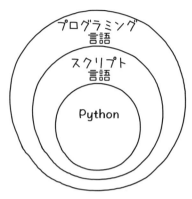

図4.6.4　Pythonはプログラミング言語の一種

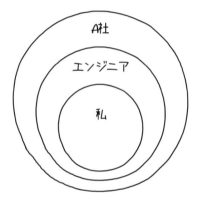

図4.6.5　A社に勤めるエンジニアの私です

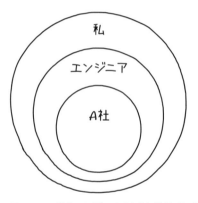

図4.6.6　私はエンジニアでA社に勤めています

　　図4.6.5と図4.6.6の2つの図は、「私」「エンジニア」「A社」の包含関係を示しています。図解すると、その大小関係はまったく逆なことがわかります。この図解を示さないまま、お互いの職業観や会社の話をすると、ちぐはぐな会話になります。このような場合にも、シンプル図解でお互いの考えを示すことが有効です。

包含のフレームワーク

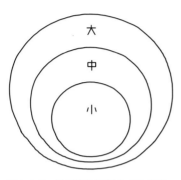

図 4.6.7　汎用的な包含(大／中／小)

- Why(なぜやるか)、How(どうやるか)、What(結果は何か)

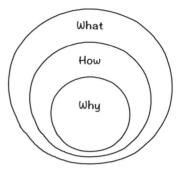

図 4.6.8　ゴールデンサークル

- 実行できること、影響を与えられることを導き、注力する

図 4.6.9　権限の輪

- 自分のこだわりを探し出す

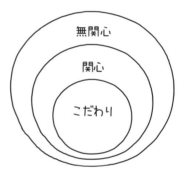

図 4.6.10　こだわりの輪

比較：話題を比べる

「比較」の代表的な図解例と描き方

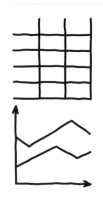

比較は、表やグラフで表します。

表の場合は、比較案と評価項目（後述）の数に合わせて表を描きます。評価項目の最後に総評などの項目を入れて、総合的な意思決定や判断を示します。

グラフの場合は、意思決定や判断の目的によって適切なグラフを選択して描きます。

図4.7.1　比較の図解例

比較の定義、特徴、主な伝達内容、口頭での表現方法

比較は、個々の話題を幾つかの項目で比べます。意思決定や判断を行う際、複数の話題を比べてその差や違いが明確になるよう説明します。

比較で伝達する場合は、比べられる話題を比較案、比べる観点を評価項目として用意します。評価項目を選定する場合は、偏りや漏れがないように注意します。評価項目を選ぶ際はフレームワークを利用したり、他者にアドバイスを求めたりするとよいでしょう。

比較を口頭で表現する際のポイントは、要約では「比較」という単語を使って情報の構造を示すことです。

例）3つの案を比較します。

案Aと案Bを比較します。

詳細では、初めに比較案を示し、その後で評価項目を示します。また、比較案と評価項目の交わる箇所について説明します。

例）案Aの項目1は〇〇、案Aの項目2は〇〇、……
　　案Bの項目1は〇〇、案Bの項目2は〇〇、……

比較の具体例

システム開発方法の比較

	スクラッチ	パッケージ (カスタマイズ)	パッケージ (ノンカスタマイズ)
適用性	〇	△	△
コスト	×	△	〇
導入期間	×	△	〇
総合評価	×	△	〇

図4.7.2　比較の具体例

　システムの開発方法について3つの案を**比較**(情報の構造)しました。その結果を報告します。

　比較した3つの案は、スクラッチ(話題1)、パッケージのカスタマイズ(話題2)、パッケージのそのままの導入(話題3)です。各案について、当社の要望に合致するかという適合性の観点(項目1)、必要なコストや資源の観点(項目2)、決定から稼働までの導入期間の観点(項目3)の、**3つの項目について評価しました**。

　結果は、スクラッチの適合性は高いものの、コストが高く、導入期間は長いと評価しました。パッケージのカスタマイズは、それぞれが、普通、やや高い、やや長いと、3つの案の中では、中間の評価でした。パッケージのそのままの導入は、適合性こそ普通でしたが、コストが安く、導入期間も短いと、総合的には最もよいと評価しました。

　比較の結果、パッケージをノンカスタマイズで導入するのがよいと考えます。

比較のその他の例

Web会議システム

メリット	デメリット
・交通費や移動時間の削減 ・さまざまな働き方の実現 ・意思決定のスピード向上	・表情や雰囲気を読み取りにくい ・通信状況に左右される

図4.7.3　Web会議システムのメリット/デメリット

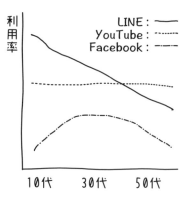

図4.7.4　SNSの世代別利用率

	取引高	売上高
ECサイトA	4,150	1,320
ECサイトB	3,420	390
ECサイトC	2,180	560

図4.7.5　ECサイトの取引高と売上高の比較（表）

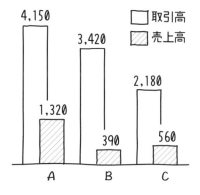

図4.7.6　ECサイトの取引高と売上高の比較（グラフ）

　図4.7.5と図4.7.6の2つの図解は、同じ内容を表とグラフで描きました。表は、具体的な数値を示したり多くの項目で比較したりする場合に適しています。グラフは、直感的に差を示す場合に適しています。

比較のフレームワーク

- 幾つかの案を評価項目で比較

	案1	案2	案3
項目1			
項目2			
項目3			
項目4			
総評			

図4.7.7　汎用的な比較表

- 現状とあるべき姿を比較

As is	To be

図4.7.8　As is/To be

- 特定の案や考えについてメリット／デメリットを検討

メリット	デメリット

図4.7.9　メリット／デメリット

- 制御の可否を分類し注力する制御可能なことを検討

制御可能	制御不能

図4.7.10　制御可能／制御不能

- 活動を満足向上と不満削減に分け、効率と効果の両立を検討

満足向上	不満削減

図4.7.11　満足向上／不満削減

- 限られた資源を有効に使うため、すること／しないことを検討

すること	しないこと

図4.7.12　すること／しないこと

配置：話題の位置付けを示す

4.8

「配置」の代表的な図解例と描き方

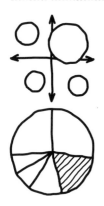

図4.8.1　配置の図解例

　図4.8.1の上図は、位置と大きさで話題の特性を表現するものです。まず上下・左右に軸を描きます。軸には対になる言葉(例えば、「大」「小」「有」「無」「高」「低」)を書き、軸の意味を明確にします。そのうえで、適切な位置に話題を丸で描き、題名を書き加えます。

　丸の大きさにより、話題の量的な違いを示すことも可能です。

　図4.8.1の下図は、円グラフの中で話題がどこに配置されるかを示します。初めに丸を描き、適切に区切ります。各話題の題名は、区切られた中の適切な位置に書きます。

配置の定義、特徴、主な伝達内容、口頭での表現方法

　配置は、個々の話題を全体の中で位置付けて示すのが特徴です。例えば、市場全体における製品シェアによる位置付け、優先度と緊急度による仕事の位置付けなどを示します。

　配置の主な伝達内容は位置付け、配置、内訳です。いずれも個々の話題を含む全体と、その中で個々の話題がどこに位置付くのかを示します。

　他の構造と違い、配置を口頭で説明するのは難しいものがあります。要約では、全体を示します。

　例)日本市場のPC出荷台数における……

　　　縦軸を市場成長性、横軸を市場シェアとし……

　詳細では、全体における話題の位置を示します。

例）シェア15％で3番目の○○は、……

　　地上成長性は低いが市場シェアが高い○○は、……

配置の具体例

ホームページの改善について2軸での分析

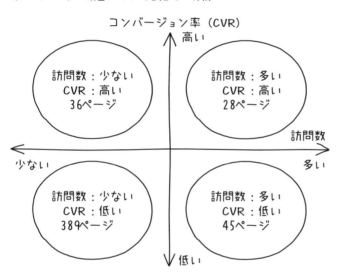

図4.8.2　配置の具体例

　ホームページの各ページを、**訪問数とコンバージョン率(CVR)の2つの軸**で4つに分類し、**分析した結果**(情報の構造)を説明します。

　まず、**訪問数も多くかつCVRの高いページ**(話題1)は28ページありました。

　次に、**訪問数は多いがCVRが低いページ**(話題2)が45ページありました。これらのページは、内容の充実と情報の見やすさを改善し、CVRを改善します。

　次に、**訪問数が少ないがCVRが高いページ**(話題3)が36ページありました。これらのページは、訪問数を改善するために埋もれている有効なキーワードを検索サイトに登録するなどの改善を行います。

　最後に、**訪問数も少なくかつCVRも低いページ**(話題4)が389ページありました。これらのページはさらに詳細を分析する予定です。

配置のその他の例

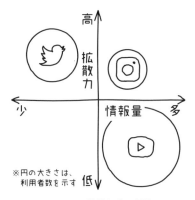

図 4.8.3　SNSの特徴と利用者数

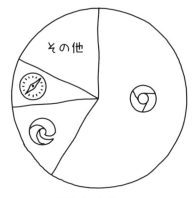

図 4.8.4　国内ブラウザシェア

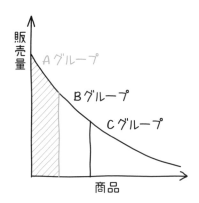

図 4.8.5　ABC分析(パレート分析)

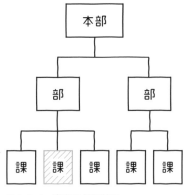

図 4.8.6　当課の位置付け

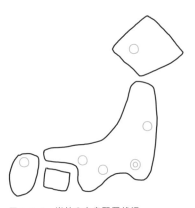

図 4.8.7　当社の支店配置状況

配置のフレームワーク

- 緊急度と重要度で優先順位を検討

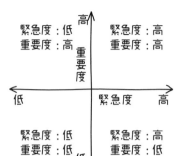

高
緊急度：低　緊急度：高
重要度：高　重要度：高
重要度

低　　緊急度　　高

緊急度：低　緊急度：高
重要度：低　重要度：低
低

図4.8.8　優先順位(緊急度／重要度マトリクス)

- 実現性と効果で優先順位を検討

高
実現性：低　実現性：高
効果：高　　効果：高
効果

低　　実現性　　高

実現性：低　実現性：高
効果：低　　効果：低
低

図4.8.9　優先順位(ペイオフマトリクス)

- 顧客の満足度に影響を与える品質の分類

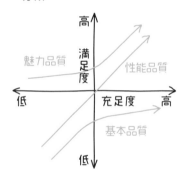

高

魅力品質　満足度　性能品質

低　　充足度　　高

基本品質

低

図4.8.10　狩野モデル

- 戦略を強み、弱み、機会、脅威の4つの象限で検討

		特質	
		貢献	障害
要因	内的	強み	弱み
	外的	機会	脅威

図4.8.11　SWOT分析

- 自分と相手の利害衝突の対応を2軸で検討

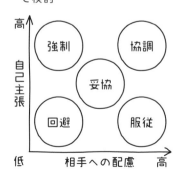

高

強制　　協調

自己主張　　妥協

回避　　服従

低　　相手への配慮　　高

図4.8.12　コンフリクト・マネジメント

- 相互理解の状況を4つの象限で検討

		自分	
		知っている	知らない
相手	知っている	開放	盲目
	知らない	秘密	未知

図4.8.13　ジョハリの窓

4.9 相関：話題の相互関係を示す

「相関」の代表的な図解例と描き方

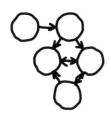

図 4.9.1　相関の図解例

相関では、全体の関係を示すことが重要です。初めに全体構成を描きます。全ての話題を適切に配置し、並べます。配置し終えたら、題名を書きます。話題のつながりは線と矢印で示します。

矢印は実線（─）、点線（…）、二重線（＝）などの線を、意味によって使い分けます。詳細は後述します。矢印の形は片方向（→）、両方向（↔）など先端を使い分けます。さらに、線の上に記号（○、×、△、♥、$、?、!、★、<、＝、>、♪）を置くことも効果的です。

矢印の使い方

既存の書籍や論文などを調査し、本書では次の6つのカテゴリーに矢印を分類しています。

- a) 話題間の親密さを示す。
- b) 話題間の対応関係を示す。
- c) 話題間の大小関係を示す。
- d) 話題間の移動や流れを示す。
- e) 話題間の関係の強さを示す。
- f) 話題間でやり取りされるモノや情報を示す。

シンプル図解では、相関や順列の構造において、矢印を用いることが多いです。他の構造でも補助的に矢印を使うことがあります。矢印を使うことで、個々の話題の関係やつながりをよりわかりやすくすることができます。

a) 親密さ

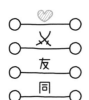

b) 対応関係

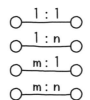

c) 大小関係

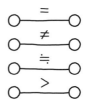

d) 移動や流れ

e) 関係の強さ

f) 取引内容

図4.9.2　矢印の種類

相関の定義、特徴、主な伝達内容、口頭での表現方法

相関は、個々の話題が複雑に関係している状態を示すのが特徴です。

例えば、市場や業界における競合各社の関係、組織内やプロジェクト内における人間関係、業務やシステムの連携関係などを示します。

相関の主な伝達内容は、相関関係、因果関係、関連、つながりなどです。いずれも個々の話題がどのようにつながり、影響を及ぼし合っているのかを示します。

他の構造と違い、相関を口頭で説明するのは難しいものがあります。要約では、「関係」「関連」「つながり」などの言葉を使います。

例) 障害の原因と対策の関係を説明します。

　　システムの関連を説明します。

詳細では、それぞれの話題がどのように関係しているかを具体的に示します。

例) ○○から○○に、指示を行います。

　　○○と○○は、敵対する関係にあります。

　　○○と○○は、相互に連絡しながら処理を行います。

相関の具体例

販売管理システムの機能相関図

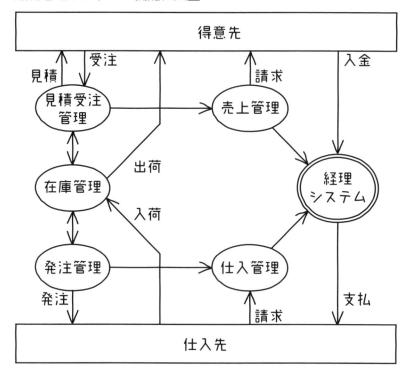

図4.9.3　相関の具体例

　販売管理システムの5つの機能の**相関**(情報の構造)を説明します。

　得意先とは、見積受注管理(話題1)により、見積を発行し受注を受けます。受注内容は、在庫管理(話題2)に渡り、商品を出荷します。その後、売上管理(話題3)で、得意先に請求を行います。

　仕入先とは、発注管理(話題4)により、商品を発注します。商品入荷は、在庫管理に反映します。仕入管理(話題5)では、仕入先からの請求を受けます。

　なお、得意先や仕入先との入出金は、経理システムと連携して管理します。

相関のその他の例

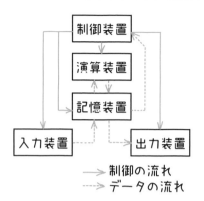

図4.9.4　コンピューター5大機能の相関

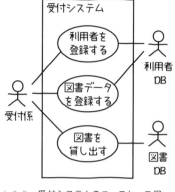

図4.9.5　受付システムのユースケース図

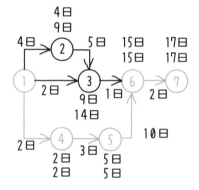

図4.9.6　PERT図

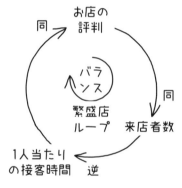

図4.9.7　システム思考ループ図

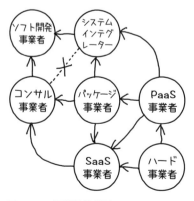

図4.9.8　IT業界相関図

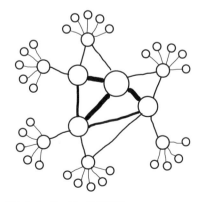

図4.9.9　キーワード相関図

相関のフレームワーク

● 問題解決の説明のための3つの要素

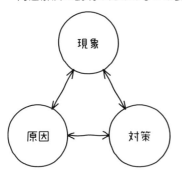

図4.9.10　現象／原因／対策

● 論理的な説明のための3つの要素

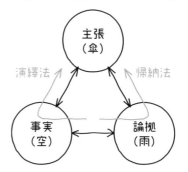

図4.9.11　三角ロジック

● 顧客に対する営業戦略を検討

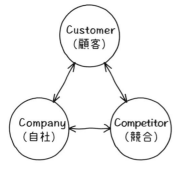

図4.9.12　3C

● 相反する要求（ジレンマ）を解消

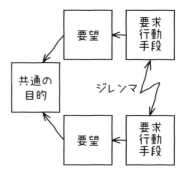

図4.9.13　対立解消図（クラウド）

● ビジネスモデルを検討

図4.9.14　ビジネスモデルキャンバス

● 活動の振り返りを検討

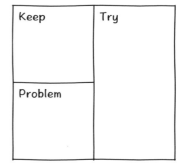

図4.9.15　KPT（ケプト）

推移：話題の構造が 時間で変化する

「推移」の代表的な図解例と描き方

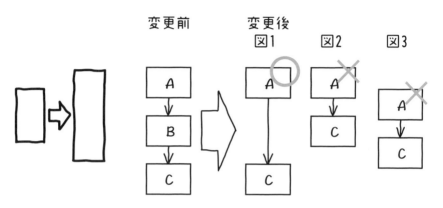

図4.10.1　推移の図解例

　推移では、変更前と変更後を左右(または上下)に描き、変更前から変更後への矢印を描いて変化の流れを示します。通常は、変更前と変更後で同じ構造を用い、かつ同じ部分は同じように描き、違う部分が際立つようにします。**図4.10.1**の例では、変更後の図1では、同じ部分の「A」と「C」が同じように描かれているので、「B」がなくなったのが一目でわかります。しかし、図2や図3は、題名を確認しないとそれがわかりません。これは、誤解を生む原因にもなります。

　変更前と変更後で構造が異なる場合は、図解の表題などで構造が異なったことを示しましょう。

推移の定義、特徴、主な伝達内容、口頭での表現方法

　推移は、構造化した話題が時間で変化することを示します。構造化した話題とは、並列、順列といった基本パターンで表現されたもののことです。

　推移の主な伝達内容は、時間の前後による変化です。例えば、組織について変

更前と変更後の違いを示す、業務手順について改善前と改善後の違いを示す、売上シェアについて現在と数年後の違いを示すなどです。

　推移を口頭で表現する際のポイントは、要約では「前後」「推移」という言葉を使います。

　例）〇〇の前後での違いを説明します。

　詳細では、「〇〇前」「〇〇後」などの前置きをして説明を始めます。

　例）〇〇前の手順は……、〇〇後の手順は……

　　　〇〇前の構造は……、〇〇後の構造は……

推移の具体例

自動化システムの導入前と導入後の作業手順の推移

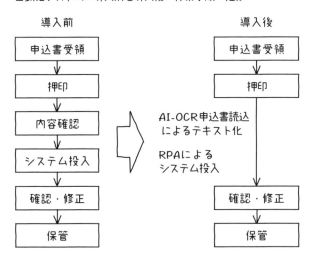

図4.10.2　推移の具体例

　自動化システムの**導入前**と**導入後**の作業手順の推移(情報の構造)について説明します。

　導入前(話題1)は、6つの作業を行っていました。

　自動化システムの**導入後**(話題2)では、4つの作業に削減されます。具体的に

は、内容確認とシステム投入の作業を、AI-OCRによる申込書のテキスト化と RPAによるデータのシステム投入に置き換えました。

　これにより、作業時間も大幅に削減できました。

推移のその他の例

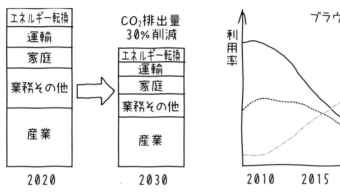

図4.10.3　CO₂排出量削減の計画

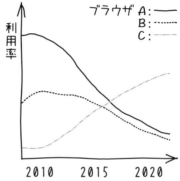

図4.10.4　Webブラウザの利用率の推移

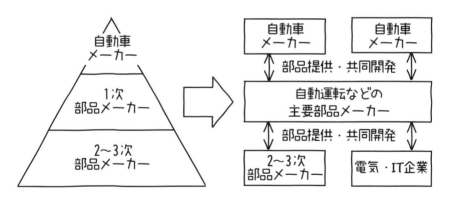

図4.10.5　自動車産業における業界構造変革

　推移の図は通常、変化前と変化後では図4.10.2や図4.10.3のように、同じ構造の図で表現します。その方が、変化する部分がわかりやすくなります。しかし図4.10.5では、業界構造が自動車メーカーを頂点にした階層から、主要部品メーカーがハブとなる相関の構造に変わりました。ゆえに、変化前と変化後で図の構造も変化しました。

推移のフレームワーク

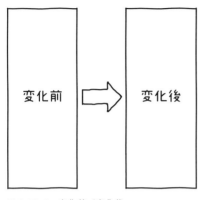

図 4.10.6　変化前／変化後

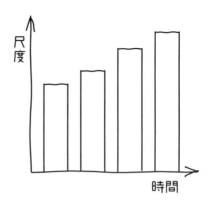

図 4.10.7　トレンドグラフ

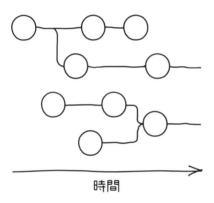

図 4.10.8　変遷図

シンプル図解をビジネスの現場で活かそう！

本章ではビジネスの現場で使える、
シンプル図解を用いた事例を紹介します。

5.1 伝わる自己紹介

自己紹介のサンプル

　まずは次の自己紹介の文例をお読みください。自己紹介の中にある情報を構造化し、図解で視覚化してみましょう。

　私のモノ作りについて、紹介します。

　最初のモノ作りは、小学生の頃に夢中になったプラモデルです。近所にプラモデル屋さんがあり、そのお店に毎週のように通っていました。お小遣いを貯めては、プラモデルを買って作っていました。そうしたこともあってモノ作りに興味があり、高専に進学しました。

　高専で、「コンピュータープログラミング」に出会いました。プログラム作りは自分で設計するという工程が増え、創造的で楽しいモノ作りの形でした。就職は、コンピューターメーカーにしました。

　そこで配属されたのが、人材育成部門でした。先輩から、「人材育成は、農業のようなものだ」と言われたことを覚えています。それが理由かはわかりませんが、今は家庭菜園での野菜作りに精を出しています。

　野菜作りも、いつどこに何を植えるかなどの設計が必要です。しかし自然が相手なので、不確実性が高く設計通りにいかないこともあります。そうしたことに対して工夫しながら乗り越え、収穫したときの達成感はひとしおです。

　プラモデル、プログラム、野菜。作る対象は違いますが、どれも私にとってはモノ作りです。今後もいろいろなモノ作りに挑戦したいと思っています。

　シンプル図解には「これが正解」というものはありませんが、伝える内容に応じて適切な構造と表現を用いることで、速く確実な相互理解が可能です。

自己紹介の文を親和図で表してみると

　先の自己紹介の文の話題と内容を明確にするために、親和図を描いてみましょう（図5.1.1）。親和図とは、情報の関係によって分類し、まとまりを作って描く方法でした。親和図は「描きながら聞く」型で使用していましたが、自分の考えをまとめるときにも利用できます。ここでは話の内容と話題を明確にするために使用しています。

　まずは話の主題「私のモノ作り」を中央に描きます。続いて、話の内容からまとまりを話題として描き出し、それぞれの関係に従って線でつなぎました。

　この話は、大きく3つの話題から構成されています。プラモデル、プログラム、野菜の3つです。

　次項からはこの3つの話題の関係に従って情報を構造化し、構造に適した図解を選んで視覚化してみます。

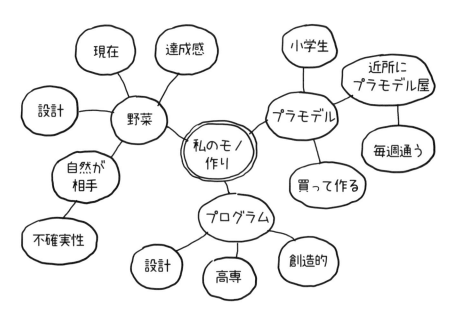

図5.1.1　自己紹介の親和図

「並列」の構造で描いてみる

　「私のモノ作り」の事例には、3つの話題「プラモデル」「プログラム」「野菜」があります。これらの話題は独立し横並びの関係にある「並列」と捉えることができます。図5.1.2は、並列の構造で図解したものです。

　図5.1.2は、「プラモデル」「プログラム」「野菜」が並列であることで、個々の話題が「私のモノ作り」の構成要素であることを示しています。

「順列」の構造で描いてみる

　この事例は「私のモノ作り」の変遷を、小学生、高専(高等専門学校)、社会人という時間の流れに沿って説明しています。「話題の関係に時間の流れがある」ということに注目すると、「順列」と捉えることができます。

　図5.1.3は、順列の構造で図解したものです。モノ作りの対象が時間の経過と共に変わっていく様子を示しています。

● 大きさで難易度を表現してみる

　図5.1.3では、各話題の大きさを同じサイズで表現しました。しかし自己紹介の内容をよく読んでみると、「プラモデル」→「プログラム」→「野菜」と「私のモノ作り」の対象が変わるにつれて、難しさが増していることがわかります。

　そこで、図5.1.4では少し工夫をし、□の大きさを変えることで「私のモノ作り」の難しさが増したことを表現しました。このように表現することで、単純に時間の流れを表すだけでなく、他の意味も付加することができます。

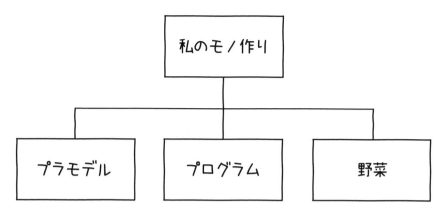

図5.1.2　自己紹介を並列の構造で図解

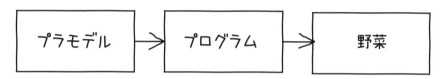

図5.1.3　自己紹介を順列の構造で図解

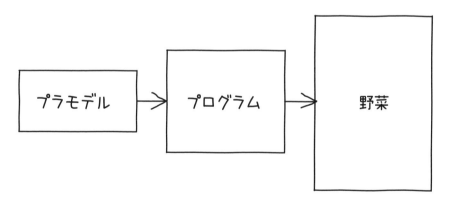

図5.1.4　自己紹介を順列の構造で図解（難易度の表現を付加）

「段階」の構造で描いてみる

　順列の他、時間による変化を示す構造にはもう1つ、「段階」があります。段階は、時間の変化と併せて、変化、成長、進化や難易度など、影響する範囲が変化する意味を含んだ説明に適しています。

　今回のモノ作りのように、「プラモデル」→「プログラム」→「野菜」と対象が変化するのに併せて難易度も変化している（＝難度が増している）ような場合を表すのに、段階の構造は最適です。

　図5.1.5ではモノ作りの変遷を、「時間の経過と共に難度も増している様子」として「段階」の構造で表現しています。

「交差」の構造で描いてみる

　次に、「私のモノ作り」での3つの話題、「プラモデル」「プログラム」「野菜」の共通点、相違点を考えてみましょう。各話題の交わった部分が共通点、交わらない部分が相違点で、共通点・相違点に着目する構造が「交差」です。

　図5.1.6は、「プラモデル」「プログラム」「野菜」の3つに共通する要素が「作る」であることを示しています。

　「野菜」と「プログラム」の2つは「設計」が共通の要素であること、「野菜」だけは自然が相手ゆえの「不確実性」があることがわかります。

「比較」の構造で描いてみる

　交差では共通点や相違点を見いだしました。この項目で個々の話題を比べるのが「比較」です。

　図5.1.7では、「プラモデル」「プログラム」「野菜」の各話題について「作る」「設計」「不確実性」の3つの項目で比較しています。

　このように表現することで、「作る」は全ての話題に共通の要素であることが示せます。また、「プログラム」では「設計」が、「野菜」では「不確実性」がそれぞれ追加された要素であることも示せます。

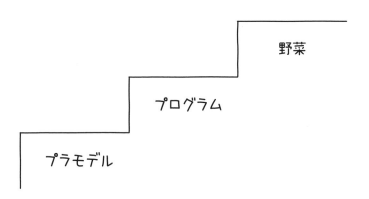

図5.1.5　自己紹介を段階の構造で図解

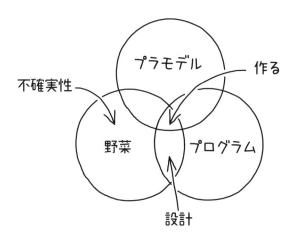

図5.1.6　自己紹介を交差の構造で図解

	プラモデル	プログラム	野菜
作る	○	○	○
設計	×	○	○
不確実性	×	×	○

図5.1.7　自己紹介を比較の構造で図解

「配置」の構造で描いてみる

　先に示した比較の構造の例で、3つの話題「プラモデル」「プログラム」「野菜」の違いを、2つの項目(「設計」と「不確実性」)で示せることがわかりました。この2つの項目を軸に、個々の話題が全体の中でどこに位置するのかを示すことができます。この構造が、「配置」です。

　図5.1.8では、2つの軸を「設計(あり、なし)」と「不確実性(あり、なし)」で設定しています。

　「プラモデル」は、「設計」が「なく」、かつ「不確実性」が「ない」ので、左下に配置します。「プログラム」はプラモデルと比較して工程に「設計」が加わったことで「あり」となり、右下に配置します。「野菜」はプログラムと比較して、自然が相手であるということで「不確実性」が「あり」となり、右上に配置します。

　このように2つの軸で、個々の話題の全体の中における位置付けを示すことができます。

「相関」の構造で描いてみる

　「私のモノ作り」にある3つの話題(「プラモデル」「プログラム」「野菜」)や、2つの項目(「設計」「不確実性」)が、相互にどのように関係するのかを示すのに適しているのが「相関」です。

　図5.1.9では、モノ作りの対象が「プラモデル」から「プログラム」に変わったときに「設計」の項目が加わり、「プログラム」から「野菜」に変わったときに「不確実性」が加わったことが表現されています。

主眼が異なれば構造も異なる

　このように、1つの自己紹介の文でも、伝えたい主眼=話題の関係により選択する構造が異なり、図解の表現も異なります。伝えたいことを最もよく表す話題の関係=情報の構造を決めたうえで、図解で視覚化しましょう。

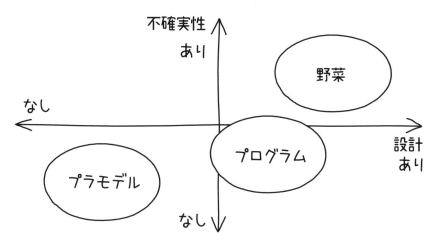

図 5.1.8　自己紹介を配置の構造で図解

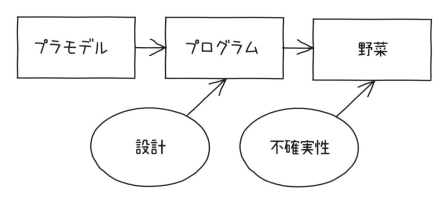

図 5.1.9　自己紹介を相関の構造で図解

● 練習：10個の構造に沿って自己紹介を描いてみよう

あなたの自己紹介を10個の構造に沿って、描いてみましょう。

それぞれの構造で、話題が異なってもかまいません。まずは、10個の構造で表現してみることが大切です。枠が描かれているものは、その枠に沿って描いてみましょう。枠が描かれていないものは、自由に描いてみましょう。

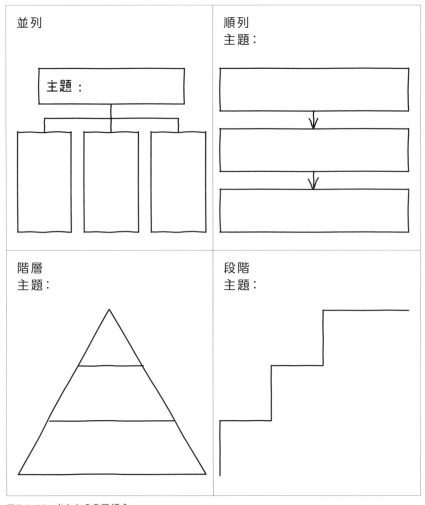

図 5.1.10　あなたの自己紹介

交差
主題：

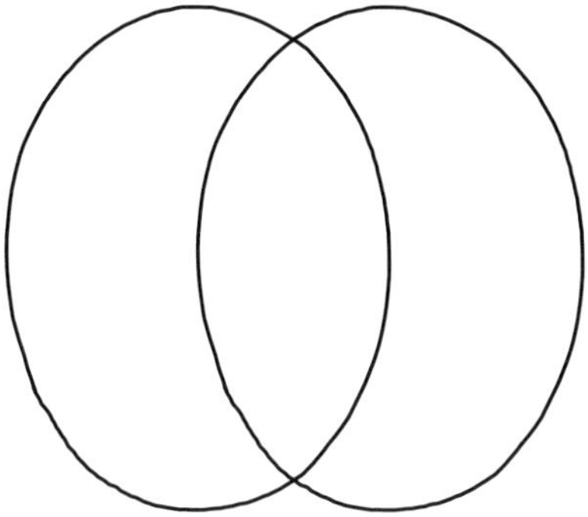

包含
主題：

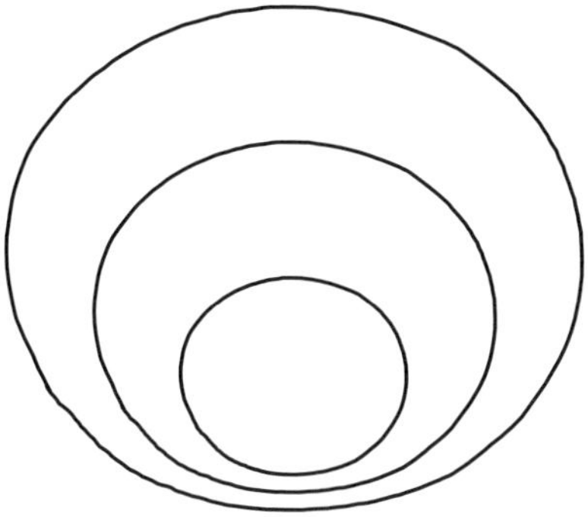

比較
主題：

※自由に描いてみよう

配置
主題：

※自由に描いてみよう

相関
主題：

※自由に描いてみよう

推移
主題：

※自由に描いてみよう

図5.1.10　あなたの自己紹介（続き）

5.2 伝わる製品紹介

機能の説明

　ここではお客さまに対して、自社の製品Aの優位性を紹介する場面を想定します。図解の違いによる、紹介内容の違いを確認しましょう。

　最もよく聞く紹介は、並列の構造を利用した次のようなものです。

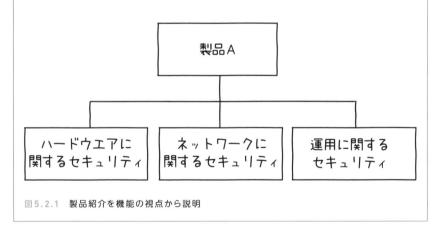

　弊社の製品Aには、お客さまのITシステムを安全に安心してお使いいただけるように、3つのセキュリティ機能があります。

　1つ目の機能は、パソコンやサーバーなどのハードウエアに関するセキュリティです。2つ目の機能は、メールやインターネットなどのネットワークに関するセキュリティです。3つ目の機能は、パスワード管理や誤送信防止などの運用に関するセキュリティです。

　これら3つの機能により、お客さまはITシステムを安全に安心してお使いいただけます。

図5.2.1　製品紹介を機能の視点から説明

課題解決型の説明

先の紹介は、製品の機能を中心に紹介するもので、いわゆるプロダクトアウト型の紹介です。これを、「お客さまの課題を解決する」という、マーケットイン型の紹介に変えてみましょう。

「交差」の構造で説明してみます。

> お客さまのご要望である、ITシステムを安全に安心してお使いいただくためには、3つのセキュリティ機能を確保することが不可欠です。
>
> 1つ目は、パソコンやサーバーなどのハードウエアに関するセキュリティです。2つ目は、メールやインターネットなどのネットワークに関するセキュリティです。3つ目は、パスワード管理や誤送信防止などの運用に関するセキュリティです。
>
> これら3つのセキュリティの全てを確保できるのが、弊社の製品Aです。製品Aにより、お客さまはITシステムを安全に安心してお使いいただけます。

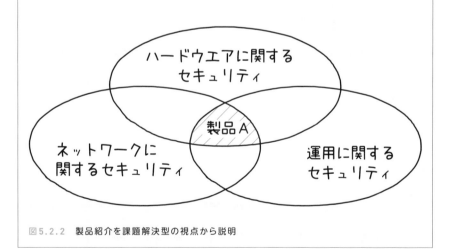

図5.2.2　製品紹介を課題解決型の視点から説明

このように表現すると、製品Aは3つのセキュリティ機能を全て確保していることがわかります。

さらに、交差の構造を使ったこの説明では、3つの話題が重ならない部分についても聞き手に意識させることができます。

例えば、他社の製品Bはハードウエアとネットワークのセキュリティ機能の2つを、製品Cはハードウエアのセキュリティ機能のみであるといった紹介も可能になります。これにより、製品Aの優位性を示すことができます。

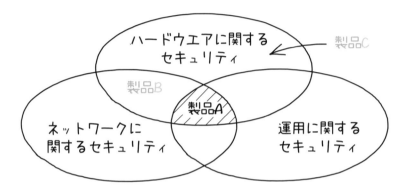

図5.2.3　製品紹介を課題解決型の視点から他社製品との違いを含めて説明

製品を比べて説明

複数の製品を比べる場合は、比較の構造が適しています。

図5.2.4では横軸に製品を、縦軸に機能をとり、表にまとめています。これにより、製品Aが全ての機能を有していることが明確になります。

	製品A	製品B	製品C
ハードウエア	○	○	○
ネットワーク	○	○	×
運用	○	×	×

図5.2.4　製品紹介を提供する機能で比べて説明

比較するには、配置の構造が有効なこともあります。

ここでは、ネットワークに関するセキュリティと運用に関するセキュリティ機能の有無で、各製品の位置付けを示してみましょう。

横軸にネットワークセキュリティ機能の有無を、縦軸に運用セキュリティ機能の有無をとり、それぞれの製品を配置します。図5.2.5からも、両方の機能を有する製品Aが最適だといえそうです。

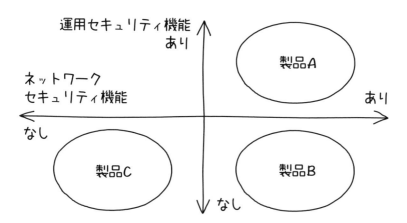

図5.2.5　製品紹介を2つの機能を軸に配置で説明

このように、製品紹介の場面でも、使う構造によって伝える内容が大きく変わります。表5.2.1に、構造別の、伝える内容の例をご紹介します。

表 5.2.1　構造別の伝えるのに適した内容

構造	伝える内容
並列	製品の持つ機能や特徴
順列	製品の利用手順、製品のロードマップ
階層	製品の機能差などの違いを上下関係で表現
段階	導入環境の段階に応じた製品の選択
交差 ――― 包含	製品の機能差などの違いを集合の関係で表現
比較	製品の機能差などの違いを比較
配置	製品の機能差などの違いを全体の中の位置付けで表現
相関	製品間の関係を表現
推移	製品利用による業務手順の推移

● 練習：あなたの製品を4つの異なる構造で紹介してみよう

あなたが取り扱っている1つの製品について、10個の構造から4つを選び、シンプル図解で紹介してみましょう。

主題：	主題：
主題：	主題：

お客さまの悩みを ヒアリングする

お客さまヒのアリングの詳細

　ここでは、お客さまにヒアリングを行い、現状、課題、要望などをまとめながら提案の方向性を確認していくという事例を紹介します。

<登場人物>

- 営業：聞き手。営業主任。3年前にシンプル図解に出会い、それ以来いつも携帯型ホワイトボードを持ち歩く。お客さまのモヤモヤした課題を親和図に描きながら聞き、モヤモヤがスッキリに変わる瞬間の、お客さまの表情が好き。シンプル図解を始めてから、お客さまの相談件数も増え、昨年は営業MVPを獲得。
- お客さま：話し手。食品流通業を営む会社の総務部長兼システム部長。システムについては、あまり詳しくない。度重なるM&Aとシステムの老朽化により、基幹システムの刷新を検討中。しかし、課題も山積み。どのように手を付けてよいかわからず、相談に乗ってほしいと考えている。

<シチュエーション>

- お客さまの会議室でのヒアリング

<事前に準備したもの>

- 携帯型ホワイトボード、マーカー

お客さまの悩みを親和図で描いてみよう

　まずは、ヒアリング内容を親和図にする様子を見ていきましょう。親和図については3.3で詳しく説明しているので、そちらもご覧ください。

営業：お客さまが現在お困りのことをお聞かせください。
お客さま：会社の成長に伴い、**基幹システムの刷新**の検討を開始しました。

　話の主題「基幹システムの刷新」を中央に描きます。

図5.3.1　主題「基幹システムの刷新」を中央に描く

営業：具体的には、どのようなことですか？

お客さま：ご存知のように、わが社は**食品流通**の事業を行っています。傘下には**5つの会社**があり、各社は全く**異なる基幹システム**を個別に整備し、長年活用してきました。

　　発言のキーワードを描き、〇で囲みます。関係することは、線でつなぎます。

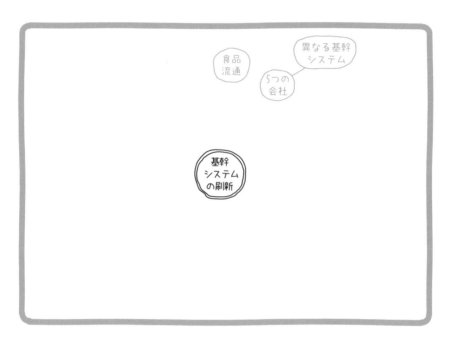

図5.3.2　発言のキーワードを描き〇で囲む

お客さま：そのため**情報**が**各社に分散**し、事業**会社間のシナジー**が活かされません。さらに、**システム運用**も個別で**重複が多く**、**ITコスト**も**増加**しています。

お客さま：そこで、異なる基幹システムを統合し、グループの経営基盤となり得る新しい基幹システムの刷新を検討し始めました。

　会社間でシナジーがないということと、ITコストが年々増加していることの、2つの話題が聞けました。

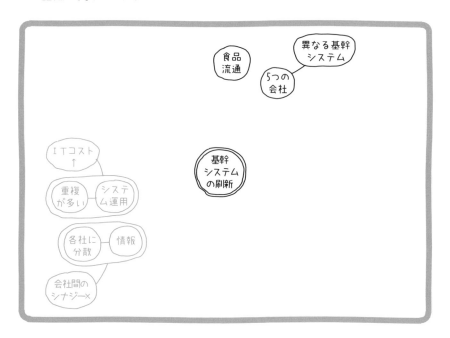

図5.3.3　キーワードの関係を線で示す

Chapter 5　シンプル図解をビジネスの現場で活かそう！

153

営業：検討内容は、どのような状況ですか？

お客さま：いくつかのシステムインテグレーターから、**パッケージ**をベースにした
検討資料をもとに**比較中**ですが、どのパッケージも**一長一短**があり、判断
が難しくて困っています。

　どのように検討しているかを聞きます。パッケージでの解決を考えているようで
す。

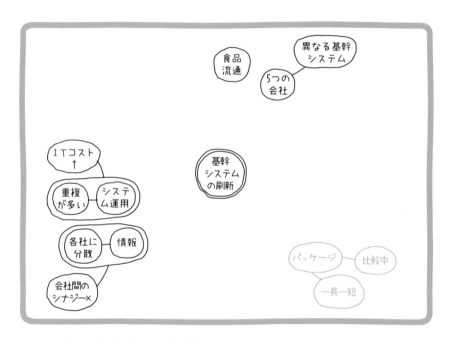

図5.3.4　関係のない発言は遠くに離して描く

営業：例えば、どのようなことですか？

お客さま：例えば、**各社の販売管理**の業務についても、それぞれのやり方が異なっ
　　　　ており、ある会社に**合う**パッケージは、他の会社に**合わない**などの課題が
　　　　出ています。**各社の代表者**は、できるだけ**既存の業務に合わせて**システム
　　　　を刷新したいと思っており、**各社間で衝突**が起きている状況です。

　お客さまからの「困っています」という声に対して、具体的な話を聞き出します。
各社間での調整がうまくいかないことがわかりました。

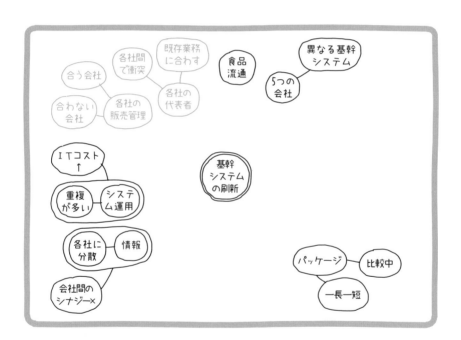

図5.3.5　関係のある発言は近くにまとめて描く

お客さま：また、既存システムを設計した**初期メンバー**が**退職**や**異動**でほとんど**残っていません**。よって、**機能の重要性を判断すること**も難しくなっています。このままでは、**システム仕様が決まらず**、全ての機能を実装することになりそうです。

　さらに設計メンバーが残っていないために、機能の重要性の判断ができないこと、システム仕様が決まらないこともわかりました。

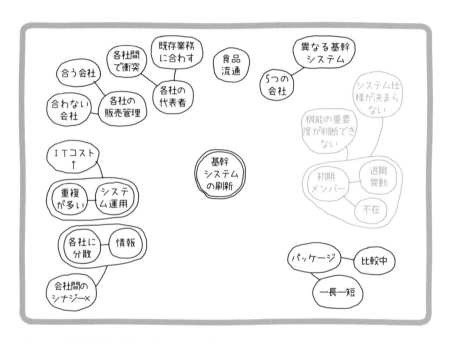

図5.3.6　発言の関係を感じながらまとまりを作る

お客さま：全ての機能を実装できるパッケージとなると……。

お客さま：ここまで来ると、**パッケージのカスタマイズ**でいくか、それとも当社**個別システムを開発**するか、判断に困っています。

ここまでで、当初のパッケージでいくかどうかも迷われていることがわかりました。

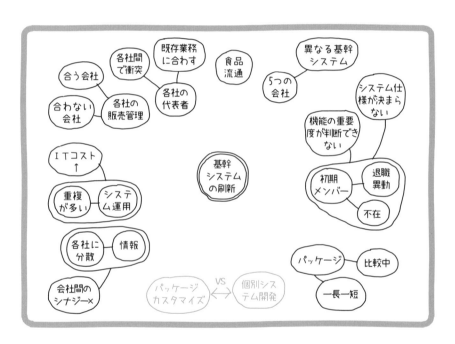

図5.3.7　発言の関係が他と異なっている場合は、それを示す

発言のまとまりがわかってきたので、そのまとまり(話題)に題名を付けます。発言のまとまりと主題との間に○を描き、そこに題名を書きます。

　基幹システム刷新について、お客さまの悩みをヒアリングした結果を、次の6つの話題にまとめました。

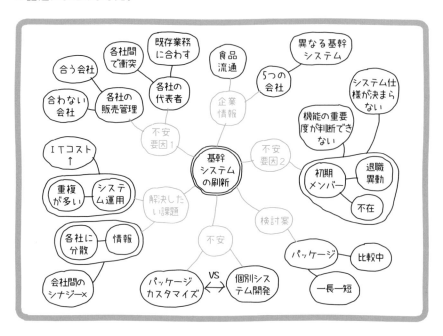

図 5.3.8　発言のまとまり(話題)に題名を付ける

営業：ここまでのお話をまとめると、大きく6つになりました。

- 企業情報
- 解決したい課題
- 現状の検討案
- 抱えている不安

そして、不安の要因としては、

- 1つ目が、各社間での衝突
- 2つ目が、システム仕様が決まらない

でした。

お客さまの悩みを確認しよう

営業：ここまでのところで、私が誤解しているところやお客さまの考えと違う点はありませんか。

お客さま：いいえ、私の考えをきちんとまとめていただけています。今までモヤモヤしていたことがスッキリしてきました、そして、2つの不安要因がボトルネックとなっていることが明確になりました。

そこで、不安要因である、「各社間での衝突」と「システム仕様が決まらない」ことについて、対策を一緒に検討することを申し出ました。

具体的には、利害関係者間での合意形成手順と、システム仕様決定の要素の2点について、検討することにしました（図5.3.9）。

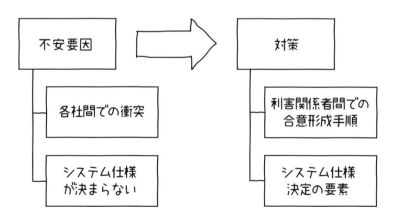

図5.3.9　2つの不安要因に対する2つの対策

利害関係者間での合意形成手順の内容を一緒に考える

　「利害関係者間での合意形成手順」を考え示すのに適した構造を、10個の基本構造から選択します。「手順」を示すには「順列」が適しています。

　携帯型ホワイトボードに順列の枠を描いて、お客さまと一緒に考えます（図5.3.10）。

営業：各社間での衝突を解消するには、共通の目的を設定し、それを関係者全員で合意することが必要と思います。そのための手順を考えてみましょう。

お客さま：確かに。今は各社の既存業務に合わせることが優先になっていますからね。

営業：「共通の目的の設定と合意」をするための1つ前には、何が必要でしょうか。

お客さま：そうですね、現状の課題の共通認識が必要ではないでしょうか。

営業：なるほど。ではそのためには、現状の課題を収集する必要がありますね。

お客さま：そうですね。ではその前は……

　このように、考える内容を基に適した図解を選択し、それをホワイトボードなどに描きながら、お客さまと一緒に考えます。図に描くことで考えがまとまり整理されます。このようなヒアリングにより、課題の解決策を共に考える、パートナーの関係が構築されることでしょう。

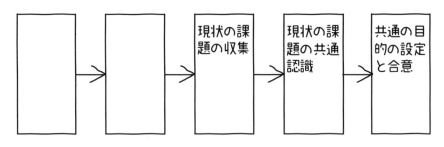

図 5.3.10　利害関係者間での合意形成手順を一緒に考える

● 練習 : システム仕様決定の要素を考えてみよう

「システム仕様決定の要素」を考え示すのに適した構造を、10個の基本構造から選択します。「要素」や「項目」を示すには「並列」が適しています。

携帯型ホワイトボードに、並列の枠を描きました(図5.3.11)。

左端のサンプルを参考に、あなたの考えを記入してみましょう。

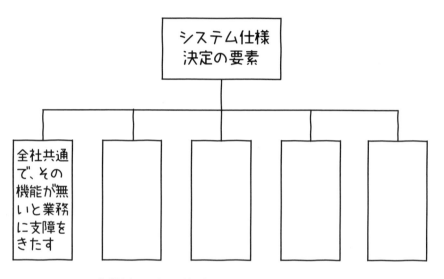

図5.3.11　システム仕様決定の要素を一緒に考える

コラム　シンプル図解で要件定義の見える化を（体験談）

渡邉 安夫・デザインコンサルタント

　お客さまの基幹業務システムの統制プロジェクトに参画したときの話です。お客さまの情報システム部の体制不足やIT導入プロジェクトにおける経験不足もあり、プロジェクトの進捗が大幅に停滞していました。

　そんな中で、複数の事業部における要件定義を任されましたが、業務に詳しいキーマンが多忙なため、要件定義を限られた時間の中で効率的に行う必要に迫られました。

　重要視した点は、仕事の進め方や成果物のイメージ（業務改善ポイントや業務フロー、問題分析表等）を早期に明確化し、共有することで、「速く確実な相互理解」を図る基盤を構築することでした。

　そこで、シンプル図解の基本図解パターンを応用することで、要件定義のプロセスやアウトプットを図解（視覚化）することに注力しました。また、複数の事業部へ展開する際には、すでに使用している図解フレームを改善しながら再利用することで、関係者の理解の促進を図りました。

　こうすることで、業務やシステムの未来像（あるべき姿）を見える化し、関係者との合意形成をよりスムーズに行うことで、要件定義をより効率的に実施することができました。

シンプル図解の活用に向けて

本章では、シンプル図解と
フレームワークを組み合わせたり、
オリジナルのキャンバスを作ることで、
日々のコミュニケーションを速く確実に行うための
事例を紹介します。

6.1 フレームワークを活用しよう

情報の収集、分類を効率的に行うために

ストラクチャードコミュニケーションでは、情報を収集し、話題に分類します。分類した話題の関係に着目して構造を決め、構造に適した図解で表現します。その際、フレームワークを利用すると、効率的に行えます。

フレームワークとは、物事を考えたりまとめたりする場合に共通して用いることのできる「枠組み」のことです。「Chapter4　10個の基本構造をマスターしよう」でも各構造別にフレームワークを紹介しています。参考にしてください。

● フレームワークを利用する際のポイントと注意点

フレームワークには、多くの種類があります。フレームワークを使うときは、その目的に合ったものを使う必要があります。目的に合った適切なフレームワークを使うと、必要な情報が漏れなく・重複することなく収集でき、必要な情報を納得感のある形で分類できます（図6.1.1）。

伝えたい目的や聞きたい内容が具体的で明確な場合は、その目的や内容に合わせたフレームワークを想定し、情報の収集や分類をします。

しかし、目的が漠然として内容も不明な場合には、フレームワークの想定ができません。特に、相手の話を聞く場合、不適切なフレームワークを当てはめると、必要な情報を収集しそこねてしまい、ヒアリングの時間が長引いたり、無理やり分類するために相手に違和感を与えてしまうことがあります。結果、ヒアリングの途中で相手は不信感をつのらせたり、不満を抱いたりすることになりかねません。

このような場合は、まずは相手の話を聞くことに集中することをお勧めします。話を親和図で描いている間に、適切な分類やフレームワークが見つかります。

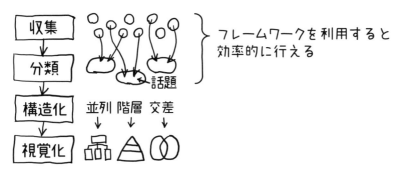

図6.1.1　フレームワークを利用し効率的に情報の収集と分類を行おう

フレームワークを視覚化したキャンバスを活用しよう

　情報を分類しまとめ方を示したのがフレームワークでした。最近では、フレームワークをより視覚的に表現したものをキャンバスと呼んでいます。ビジネスモデルキャンバスを知っている方も多いでしょう。

　ビジネスモデルキャンバスでは、9つの要素を1つの図に配置することで、各要素の関係を考えながら、ビジネスモデルを検討することができます。

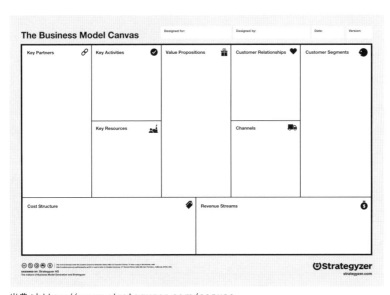

出典：https://www.strategyzer.com/canvas

図6.1.2　ビジネスモデルキャンバス

6.2 適切な分類や フレームワークの見つけ方

相手と一緒に考えるのも有効

　筆者はシンプル図解の講座で、「目的が漠然として内容も不明な場合、話の途中でどのように適切な分類やフレームワークを見つければいいのか」といった質問を受けることがあります。しかし、これといった正解はありません。

　話の関係をもとに親和図を描いていると、ある時、ふと分類やフレームワークを思いつきます。これは、**Aha体験**というものです。人によって、思いつくタイミングも内容も千差万別です。ただ経験的に、いろいろなフレームワークを知っていたり、過去に類似のヒアリングを経験していたりすると、思いつきやすいように感じます。

　普段からいろいろなフレームワークについて学んだり、いろいろな話に興味を持って接したりすることが、適切な分類やフレームワークを思いつくには有効だと感じています。

　もし、適切な分類やフレームワークを思いつかないときは、相手と一緒に考えるのも、1つの方法です。あなたが思いつかなくとも、相手はあなたが描いた親和図を見て、何か思いついているかもしれません。

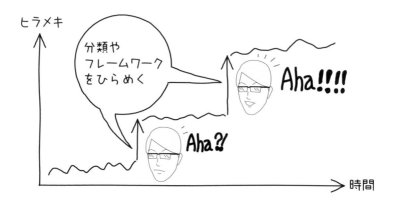

図6.2.1　親和図を描いていると分類やフレームワークを思いつく（Aha体験）

6.3 自分のフレームワークと キャンバスを作ろう

SC化とは

　情報技術(IT：Information Technology)を活用して、業務を効率化・標準化することを、IT化と呼びます。この考え方をシンプル図解にも適用します。

　シンプル図解の技法を活用して業務コミュニケーションを効率化・標準化することを、シンプル図解の正式名称であるストラクチャードコミュニケーション＝Structured Communicationの頭文字を取って**SC化**といいます。

　SC化では、業務コミュニケーションで行われる情報の分類を、独自のフレームワークとしてまとめます。フレームワークの構成要素の関係を基に構造化し、キャンバスとして見やすくわかりやすく視覚化します。以降、ストラクチャードコミュニケーション協会や協会会員が作成したキャンバスを紹介いたします。

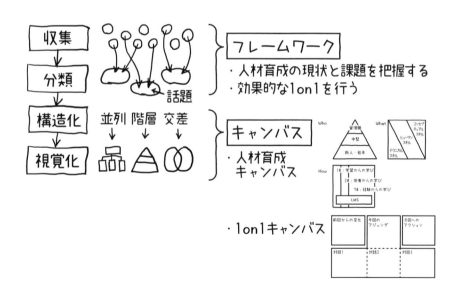

図6.3.1　SC化とは業務コミュニケーションを効率化・標準化すること

人材育成キャンバス

人材育成の現状を把握し、課題を見出すためのキャンバス

　ここでは、ストラクチャードコミュニケーション協会の会員が作成した、企業内の人材育成を考えるためのキャンバスを紹介します。

　この会員は、業務として企業の人材育成のコンサルティングを手掛けています。企業の人材育成の現状を把握し、課題を見出すために、このキャンバスを使ってヒアリングしているそうです。

● 人材育成キャンバスのポイント

　企業内の人材育成を考える場合のフレームワークとして、重要なのは「誰に対して＝Who」「何のスキルを＝What」「どのように育成する＝How」という3つの要素だということです(図6.4.1)。

　育成の対象者(＝Who)は、新人・若手、中堅、管理職などの階層に分けて考えます。育成するスキルは(＝What)、テクニカルスキル、ヒューマンスキル、コンセプチュアルスキルとの分類が一般的です。育成する方法(＝How)としては、体系的な学習からの学び、上司や周囲からの助言や示唆などの他者からの学び、そして自らの経験からの学びがあります。

　これら3つの要素の関係を、三角のテントになぞらえたキャンバスで視覚化します(図6.4.2)。正面の三角形は、組織の階層構造を表現し、対象者を議論するときに用います。側面の四角形は、組織の階層とも連携し、育成スキルを議論するときに用います。底面の四角形は、組織全体の基盤となる育成方法を議論するときに用います。

　この3つの要素の視点で企業の人材育成の現状をヒアリングすると、手のついていない領域や、現状の対策だけでは不十分な領域が見いだせ、全体観を持った対策を検討できるとのことです。

図6.4.1　企業内の人材育成を考える場合の検討項目(フレームワーク)

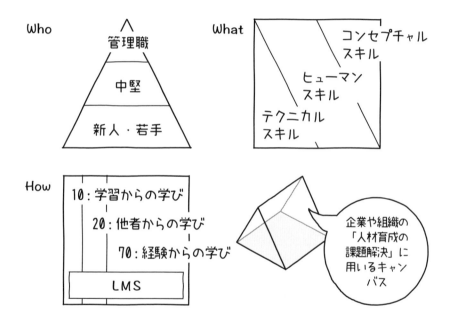

図6.4.2　人材育成キャンバス

●IT業界と人材育成キャンバス

　人材育成キャンバスの事例を紹介します。ここでは、企業内でのデータサイエンティストの育成の現状を把握する場合の事例を紹介します。

<登場人物>

- コンサルタント：聞き手。人材育成コンサルタント。自分のヒアリングノ
  ウハウを人材育成キャンバスとしてSC化した。ヒアリング内容をこのキャ
  ンバスに描くことで、ヌケモレなく確認できるので、効率的かつ効果的に
  業務が行えるようになった。
- お客さま：話し手。IT企業の人事部長。DX化の流れに乗り、データサイ
  エンティストの育成を推進したいと考えている。人材育成コンサルティン
  グ会社に提案してほしいと考え、ヒアリングを依頼した。

<シチュエーション>

- お客さま会議室でのヒアリング

<事前に準備したもの>

- 携帯型ホワイトボード、マーカー

コンサルタント：お客さまのお考えを、お聞かせください。

お客さま：当社では、入社3年までをジュニアと位置付け、プログラマーとオペレー
　　　　ターを担当しています。その後、システムエンジニア(SE)とデータサイエン
　　　　ティスト(DS)の2職種に、分かれていくキャリアパスを計画しています。さら
　　　　に上級職として、プロジェクトマネジャー (PM)とコンサルタントを位置付け
　　　　たいと考えています。

コンサルタント：今回のご相談は、データサイエンティストの育成についてとお伺
　　　　いしています。具体的には、どのようにお考えですか。

お客さま：データサイエンティストの育成については、いくつかの要素があると聞
　　　　いています。まずは、統計学、情報処理および人工知能などデータ分析に
　　　　必要な手法を理解し、使う能力です。

コンサルタント：はい、テクニカルスキルに関する項目ですね。

お客さま：あと、データサイエンスを意味のある形で使えるようにシステムを設計、
　　　　実装、運用する能力も必要と考えています。

コンサルタント：なるほど、随分検討されていると感じます。これらのテクニカルスキル以外では、何か必要なモノはありますか。例えば、対人関係などヒューマンスキルではいかがでしょう。

お客さま：どんなによいデータ分析結果が得られても、意思決定者に理解してもらえなければ使ってもらえません。さらに、分析結果は不確定要素が多く、そのリスクも正しく説明できないといけません。そのためには、コミュニケーションに相応のスキルが必要と考えています。

コンサルタント：確かにそうですね。もう1つ、物事の本質を的確に捉えるコンセプチュアルスキルについては、いかがですか。

お客さま：ビジネスを理解し、データをどのように価値創造につなげられるかを見通せることが重要です。その意味では、課題の背景を理解した上で、ビジネスの課題を整理し、解決する能力も不可欠と考えています。

コンサルタント：ありがとうございました。

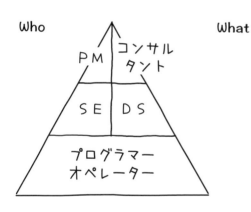
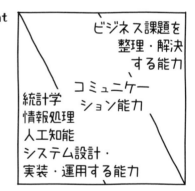

図6.4.3　人材育成キャンバスの使用例

1 on 1キャンバス

効果的な対話を促すためのキャンバス

ここでは、ストラクチャードコミュニケーション協会が開発支援したキャンバスを紹介します。1 on 1キャンバスです。

2010年台後半から、上司と部下が1対1で定期的に対話をする1 on 1の導入が、企業内で進んでいます。1 on 1の実施に当たり、上司による実施手順や対話内容のバラツキをなくし、かつ効果的な対話を進めるためのツールとして、1 on 1キャンバスを開発しました。

1 on 1の時間内に効果的な対話を進めるために、描きながら聞くストラクチャードコミュニケーション技法に興味を持たれたクライアントのために、開発を支援したものです。

●1 on 1キャンバスのポイント

1 on 1キャンバスは、大きく2つのキャンバスから構成されます。1つは、上司による実施手順や対話内容のバラツキをなくすために1 on 1の手順を標準化するキャンバス。もう1つは、効果的な対話を進めるために対話の内容に合わせて図解する汎用キャンバスです。

1 on 1の手順を標準化するキャンバスは、図6.5.1の手順に基づいて開発しました。

効果的な対話を進めるための汎用キャンバスは、ストラクチャードコミュニケーションの10個の基本構造を基に、1 on 1の対話の内容からよく利用されそうなフレームワークを選択し、そのスケルトンとして用意しました(図6.5.2)。

●1 on 1キャンバスの効果

これらのキャンバスを利用することで、1 on 1の対話の内容が見える化されます。これにより、次の効果があるそうです。

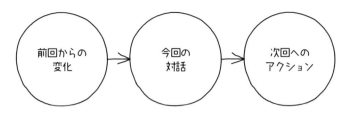

図6.5.1　1 on 1の標準的な実施手順

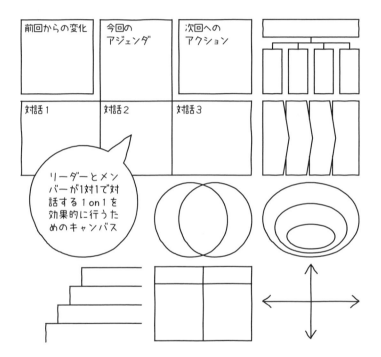

図6.5.2　1 on 1キャンバス(左上)と汎用キャンバス(7種)

- 対話の内容を上司と部下の双方で確認しながら進められるため、相互の信頼関係が高まった。
- 対話の内容をその場で描き終わったら写真に撮れるため、後でまとめる時間が不要になった。また、記憶に残りやすくなった。
- 写真を見返すことで、過去の1 on 1との関係を考慮した対話が行え、部下のキャリアアップにつながった。

6.6 論理展開キャンバス

合意形成のためのキャンバス

ストラクチャードコミュニケーション協会では、速く確実な相互理解の次のステップとして、速く確実な合意形成のための技法を研究しています。その中で生まれたのが、論理展開キャンバスです。

論理展開で必要な3つの要素には、事実、論拠、主張があります（図6.6.1）。この3つを三角形の頂点としたものを三角ロジックと呼んでいます。茂木秀昭氏は、著書「ロジカル・シンキング入門(日経文庫)」の中で、三角ロジックにおける、演繹法と帰納法の論理展開の流れの違いを紹介しています。

また、相手を動かすために必要な3つの要素として、Why、How、Whatがあります。サイモン・シネック氏は、TED Talks「優れたリーダーはどうやって行動を促すか」の中で、ゴールデンサークルとしてこの3つを紹介しています（図6.6.2）。

この事実、論拠、主張の3つと、Why、How、Whatの3つとを組み合わせて、合意形成のための論理展開キャンバスを作りました（図6.6.3）。

● 論理展開キャンバスのポイント

この論理展開キャンバスでは、最終的に合意形成したい事柄を左上の枠＝目標（ゴール）欄に記入します。その目標に対するWhyとして、論拠と事実を横方向に用意します。さらにその目標に対するHowとして、戦略と具体策を縦方向に用意します。戦略や具体策についても、それぞれWhyとして論拠と事実を横方向に用意します。

この9つの枠を全て埋め、その枠の間で論理展開をきちんと成り立たせます。そして論理展開の成り立ったキャンバスに従い、合意形成のためのコミュニケーションを進めます。

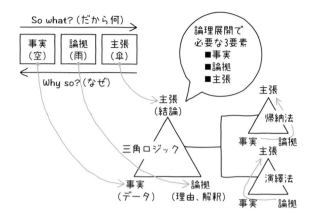

図6.6.1　三角ロジックによる論理展開

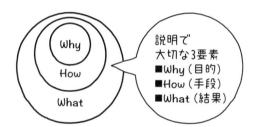

出所）TED Talks「優れたリーダーはどうやって行動を促すか」（注：右は著者によるもの）
https://www.ted.com/talks/simon_sinek_how_great_leaders_inspire_action?language=ja

図6.6.2　ゴールデンサークル

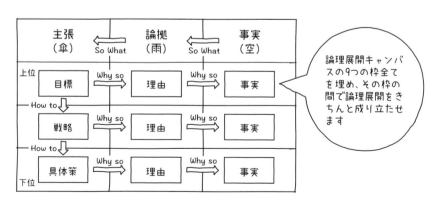

図6.6.3　論理展開キャンバス

業務コミュニケーションを構造化する

SC化の手順

前節までに、業務コミュニケーションをSC化し、キャンバスを作成した事例を紹介しました。最後に、SC化の手順を紹介します。

IT業界だと、製品やサービスの要件ヒアリング、パッケージやSaaSのフィットギャップ分析、障害発生時の状況確認など、目的や対象が明確な業務コミュニケーションがSC化しやすく、効果も出やすいです。

● [Step1] SC化する業務コミュニケーションを選ぶ

日常の業務の中から、繰り返し行われかつ業務への貢献が見込めるコミュニケーションを選定します。

● [Step2] コミュニケーションの目的を明確にする

選定したコミュニケーションの目的を明確にします。

どのような成果を求めているかを、コミュニケーションする相手の立場と期待を考えながら明確にします。

● [Step3] 必要な情報を収集する

業務コミュニケーションを分析するということは、コミュニケーションで交わされている質問や回答が主な情報収集の対象です。

質問では何を聞いているか、質問の意図や目的は何か、質問の順番に意味はあるかなどを捉えます。回答では、その回答は分類できるか、回答に優先順位はあるか、回答に関係があるかなどを捉えます。

● [Step4] 情報を分類し話題にまとめる

収集した情報を分類し、話題にまとめます。先の人材育成キャンバスでは、大きく3つの話題(Who、What、How)に分類しました。

● [Step5] 話題の関係から構造を決める

分類した話題の関係を考え、構造化します。

人材育成キャンバスでは、3つの話題が並列の関係にありました。そして、それぞれの話題について、さらに詳細の話題の関係を考え構造化しています。Whoは対象者を階層、Whatは3つのスキルを配置、Howは3つの育成方法を配置の構造としました。

● [Step6] 構造に従って表現する

構造化ができたら、それを図解で表現します。

[Step5]の「構造を決める」と、[Step6]の「表現」は表裏一体なので、何度も繰り返して試し、よりよい表現を検討します。

図解で表現する場合は、図形の持つ印象を大切にし、配置にも意味を持たせるなどして検討します。見た目の印象も大切です。ごちゃごちゃさせず、シンプルな表現を心掛けます。

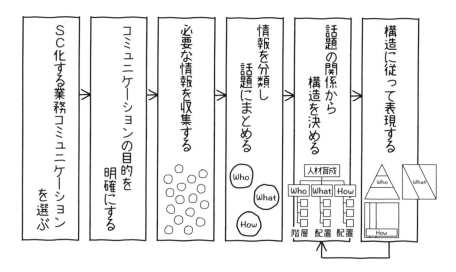

図6.7.1 業務コミュニケーションのSC化手順

●練習：あなたの業務コミュニケーションをSC化してみよう

● [Step1] SC化する業務コミュニケーションを選ぶ

　日常の業務の中からSC化したい業務コミュニケーションについて、下表に書き出しましょう。

業務コミュニケーション	実施頻度 (回数／週)	業務貢献度 (高・中・低)
例）お客さまからの問い合わせ対応	15回／週	中

　実施頻度が高く業務貢献度の高い業務コミュニケーションは、SC化することで効果が期待できます。1つを選んでください。

● [Step2] コミュニケーションの目的を明確にする

　選んだコミュニケーションの目的を確認しましょう。

あなたの目的や期待成果	相手の目的や期待成果
例）短時間での問い合わせ回答	例）確実な問題の解決

- [Step3] 必要な情報を収集する

  コミュニケーションで交わされている質問や回答を収集します。

  質問：何を聞いているか、意図や目的は何か、順番に意味はあるか

  回答：分類できるか、優先順位はあるか、回答に関係があるか

例）質問：何についてのお問い合わせですか（製品やサービスの特定）

回答：○○について、○○がわかりません
質問：どうなればよいですか（目的や目標の確認）
回答：○○をしたい、○○に戻したい、○○に変えたい

- [Step4] 情報を分類し話題にまとめる
  まずは大きく分類します。必要に応じて詳細に分類します。

  例) 対象製品、種別(質問、クレーム、その他)、回答……

- [Step5] 話題の関係から構造を決める
  話題の関係を考えます。10個の基本構造を参考にしましょう。

- ［Step 6］構造に従って表現する

  図解で表現します。図形の持つ印象を大切にし、配置にも意味を持たせます。
ごちゃごちゃさせず、シンプルな表現を心掛けます。

小さな図が大きな決断を引き出した（体験談）

山口 良明・経営コンサルタント

　仕事柄、私は中小企業経営者としばしば打ち合わせをします。打ち合わせのときは必ず図を描きます。現状を理解するためにビジネスモデルや業績の推移、問題点を分析するために業務プロセスなどを描きます。

　最近担当した事例で、印象に残っているものをご紹介します。

　この会社では各種設備の設計、製作をしています。下請けではありますが、さまざまな業種で新設設備の設計や既存設備の改良をしています。社長さんは事業の方向性に悩んでいました。1つは、これまで通り設備設計の事業を続ける。これは堅実な方法ですが、下請けの立場は変わらず、大きく売り上げを伸ばすことは難しそうです。

　もう1つは、以前設計した食肉加工機を製造販売する事業です。特許も取得した画期的な機械です。食肉加工機メーカーとして新たな成長が期待できます。しかし、食肉業界での知名度はなく、営業担当も社長一人です。とてもリスクの大きい計画です。

　私は現状から2本の線を引いて、1つは現状のまま事業を進める計画、もう1つは新規事業（機械メーカー）に転換する計画（図1）を描きました。さらに、それぞれのメリット、デメリットを比較する図（図2）も描きました。

　「合体させよう」社長が叫びました。一番の強みである、現場に合わせた応用力ある設計技術を活かすためには、お客さまの現場をはなれてはいけない。そのうえで、重点活動分野を食肉加工業に絞り込み、独自に設備設計事業を始めると言うのです。開発した食肉加工機は、営業のドアノックツールと割り切りました。

　意思決定の現場ではさまざまなアイデアを比較して判断を行います。それぞれのメリット、デメリットを比較して図に描くと、違いが明確になります。経営者の決断を見ていると、どれか1つを選ぼうとしているように見えても、実はそれぞれの利点を活かした折衷案を探していることに気付きます。いくつかのアイデアのよさを活かせるのも、図に描くことの利点です。

　ノートに描かれた小さな図は、社長の大きな決断を引き出しました。

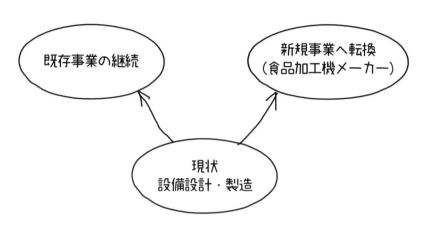

図1　現状からの2つの事業推進計画

	既存事業の継続	新規事業へ転換
メリット	設備技術 実績 人脈	独自事業展開 売上拡大期待
デメリット	従来取引継続 単価継続	営業力 実績 生産能力

図2　2つの事業推進計画のメリットとデメリット

おわりに

　本書を最後までお読みいただき、ありがとうございました。

　ここまで、シンプル図解の描き方や効果を解説してきました。IT業界で活躍する読者の皆さんに、シンプル図解を今すぐにでも実践したいと思っていただけていると大変嬉しいです。

　次のステップは、皆さんが実際の現場でシンプル図解を試すことです。どんなスキルや技術も、実践しなければ身に付きません。小さい頃、自転車の練習をしませんでしたか。何度も転びながら、でもそのうち乗れるようになりましたね。そして一度乗れるようになれば、いつでも乗れます。シンプル図解も同じです。何度も試していると自然に「できる」ようになります。

　シンプル図解を試すときのコツを紹介しましょう。最初は、同僚や仲間など、近しい人を相手にシンプル図解を試してみましょう。その時、「練習中なので気づいたことがあればフィードバックして欲しい」と、頼んでおくとよいでしょう。

　「描きながら伝える」型では、10個の基本構造を全て使わなくともかまいません。自分が使いやすい構造から使い、徐々に種類を増やしていきましょう。「描きながら聞く」型は、1対1の対話や少人数でのブレーンストーミングなどの場で、試してみるとよいでしょう。慣れてきたら、「描きながら一緒に考える」型を試してください。その頃には、十分にシンプル図解ができるようになっています。是非、実践をお願いします。

　最後のステップは、シンプル図解によるコミュニケーションを日常的に実務で使うことです。社内でのコミュニケーションはもちろん、お客さまやパートナー、よく打ち合わせをする人はもちろん、初めて話をする人とのコミュニケーションで使ってください。そうすれば、必ずあなたの業績が向上し、「成果を実感する」ことができるでしょう。

　日常的に使うときのコツを紹介します。まずは、携帯ホワイトボードをいつも持ち歩いてください。

　しかしテレワーク環境などでは、直接会ってコミュニケーションをとることができません。そんな場合は、オンラインでファイルを共同編集できる機能を利用するとよいでしょう。同じファイルに同時にアクセスし、同時に描き込みながら使えば、あたかもオンライン上のホワイトボードとして使えます。

例えば、次のような機能の利用をお勧めします。

- Zoomのホワイトボード
- Googleドライブ上のファイル（ドキュメント、スプレッドシート、スライドなど）
- Microsoft Teams上のファイル（Word、Excel、PowerPointなど）

IT業界で活躍する読者の皆さんは、いろいろなシステム開発技法を使っていることでしょう。本書で紹介したシンプル図解を用いたストラクチャードコミュニケーションも、そんな技法の1つです。皆さんがお使いの技法の中に、ストラクチャードコミュニケーションも加えていただければ嬉しいです。

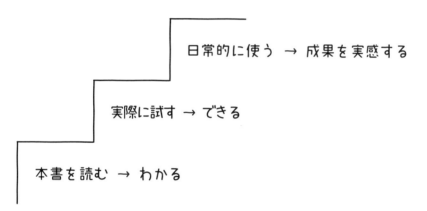

図1　シンプル図解で成果を実感するまでの成長段階

最後に、書籍の企画から執筆を並走いただいた株式会社クリエイターズ・ジャパンの高橋涼さん、シンプル図解の実践者として体験談を寄稿いただいた三森朋宏さん、渡邉安夫さん、山口良明さん、執筆にあたり事例を提供いただいたストラクチャードコミュニケーションのオンラインコミュニティの仲間の皆さん、本書の完成を温かく見守ってくれた妻と家族に、あらためて深く感謝します。

加島 一男

ビジネスでよく利用される フレームワーク

　ここではビジネスでよく利用されるフレームワークを、5つの適用分野(汎用、戦略立案／マーケティング、意思決定／マネジメント、課題解決／カイゼン、組織開発／スキルアップ)別に示します。

　フレームワークを利用するには、適切な適用分野から選択することが重要です。ここで紹介するフレームワークの詳細は、御自身で個別に調べてからご利用ください。

　Chapter4の「○○のフレームワーク」の中で掲載しているものについては、表の中で名前と図番号を掲載しています。

表1　ビジネスでよく利用されるフレームワーク

汎用	戦略立案／マーケティング	意思決定／マネジメント	課題解決／カイゼン	組織開発／スキルアップ
並列				
・6W 4H 1G（図4.1.9）	・PEST分析（図4.1.5） ・7S(図4.1.10) ・経営資源（ヒト／モノ／カネ／情報） ・4P分析 ・4C分析 ・RFM分析	・QCD（図4.1.4） ・SMART（図4.1.13） ・3S、5S	・5M+1E(図4.1.11) ・問題発見の4P（図4.1.12） ・6色ハット（図4.1.14） ・ムリ／ムダ／ムラ ・7つのムダ ・5ゲン主義 ・オズボーンのチェックリスト	・組織の3要素 ・スキルの3要素 ・70-20-10 ・社会人基礎力（図4.1.8）
順列				
・過去／現在／未来 ・PREP（図4.2.11） ・TAPS ・FABE	・AIDMA ・STP ・バリューチェーン分析	・ロジックモデル（図4.2.9） ・PDCA（図4.2.10）	・問題解決手順（図4.2.13） ・ECRS	・経験学習モデル（図4.2.12） ・SECIモデル（図4.2.14） ・企業変革プロセス ・成功循環モデル ・認知／行動ループ ・GROWモデル

汎用	戦略立案／ マーケティング	意思決定／ マネジメント	課題解決／ カイゼン	組織開発／ スキルアップ
階層				
・企業組織 （図4.3.8）	・バランススコア カード （図4.3.10） ・ミッション・ビ ジョン・バリュー	・マーケティング ファネル （図4.3.11）		・マズローの欲求 段階説 （図4.3.9）
階段				
・初級／中級／上 級（図4.4.7）	・普及曲線 ・製品ライフサイ クル	・フォーキャスティ ング （図4.4.9） ・バックキャスティ ング （図4.4.10） ・CMMI （図4.4.12）		・守破離 （図4.4.8） ・タックマンモデ ル（図4.4.11）
交差				
・共通点／相違点 （図4.5.7）				・Will／Can／ Must （図4.5.10） ・生きがいの4要 素（図4.5.11）
包含				
・大／中／小 （図4.6.7）	・ゴールデンサー クル（図4.6.8）		・権限の輪 （図4.6.9）	・こだわりの輪 （図4.6.10）
比較				
・比較表 （図4.7.7） ・As is／To be （図4.7.8） ・メリット／デメ リット （図4.7.9）	・VRIO分析 ・ザックマンフ レームワーク	・満足向上／不満 削減（図4.7.11） ・すること／しな いこと （図4.7.12） ・ウォント／コミッ トメント ・フォースフィール ド分析	・制御可能／制御 不能 （図4.7.10）	・動機付け／衛生 理論

汎用	戦略立案／ マーケティング	意思決定／ マネジメント	課題解決／ カイゼン	組織開発／ スキルアップ
配置				
・緊急度／重要度 マトリクス （図4.8.8） ・ペイオフマトリ クス（図4.8.9）	・SWOT分析 （図4.8.11） ・クロスSWOT ・プロダクト・ポー トフォリオ・マネ ジメント ・バリューポート フォリオ ・アンゾフの成長 マトリクス	・パレート分析 （図4.8.5） ・コンフリクト・ マネジメント （図4.8.12）	・狩野モデル （図4.8.10） ・Need／Want マトリクス	・PM理論 ・SL理論 ・Will／Skillマ トリクス ・ジョハリの窓 （図4.8.13） ・ステークホル ダー分析
相関				
・現象／原因／対 策（図4.9.10） ・三角ロジック （図4.9.11）	・ビジネスモデル・ キャンバス （図4.9.14） ・3C（図4.9.12） ・ファイブフォー ス分析	・KPT（図6.9.15） ・YWT	・対立解消図（クラ ウド） （図4.9.13）	・ABCDE理論
推移				
・変更前／変更後 （図4.10.6） ・トレンドグラフ （図4.10.7） ・変遷図 （図4.10.8）				

付録2

参考文献

● Chapter2　シンプル図解の基本

情報の収集と分類に関する参考文献

- 川喜田 二郎『発想法 改版−創造性開発のために(中公新書)』中央公論社 (2017)
- 川喜田 二郎『続・発想法−KJ法の展開と応用(中公新書)』中央公論社(1970)
- 梅棹 忠夫『知的生産の技術(岩波新書)』岩波書店(1969)

情報の構造化に関する参考文献

- 佐藤 可士和『佐藤可士和の超整理術(日経ビジネス人文庫)』日本経済新聞出版(2011)
- 大庭 コテイさち子『考える・まとめる・表現する−アメリカ式「主張の技術」』NTT出版(2009)

● Chapter3　シンプル図解のお手本・実践編

描きながら伝える型に関する参考文献

- 橋本 歌麻呂『外資系コンサルタントの図解の技術』秀和システム(2014)

描きながら聞く型に関する参考文献

- 永田 豊志『[カラー改訂版] 頭がよくなる「図解思考」の技術』KADOKAWA/中経出版(2014)

描きながら考える型に関する参考文献

- 堀 公俊、加藤 彰『ロジカル・ディスカッション』日本経済新聞出版(2009)
- 堀 公俊、加藤 彰『ディシジョン・メイキング−賢慮と納得の意思決定術』日本経済新聞出版(2011)

● Chapter 6　シンプル図解の活用に向けて

フレームワークに関する参考文献

- 株式会社アンド『ビジネスフレームワーク図鑑 すぐ使える問題解決・アイデア発想ツール70』翔泳社(2018)

三角ロジックに関する参考文献

- 茂木 秀昭『ロジカル・シンキング入門(日経文庫)』日本経済新聞社(2004)
- 鶴田 清司『授業で使える! 論理的思考力・表現力を育てる三角ロジック: 根拠・理由・主張の3点セット』図書文化社(2017)

付属データのご案内

翔泳社のサイトから、Chapter6で紹介しているキャンバスのPowerPointのデータ（.pptx形式）をダウンロードできます。ぜひ、ご利用ください。

https://www.shoeisha.co.jp/book/download/9784798171272

※付属データのファイルはzip形式で圧縮しています。任意の場所に解凍してご利用ください。

- 6.4　人材育成キャンバス
- 6.5　1 on 1キャンバス
- 6.6　論理展開キャンバス

各種キャンバスは、クリエイティブ・コモンズ 表示 − 継承 4.0 国際（CC BY-SA 4.0）ライセンスの下に配布されています。使用方法についての詳細は、ダウンロードファイルに含まれる「readme.txt」をご覧ください。

著者プロフィール

加島 一男（かしま かずお）

実験家実装家。学生時代にコンピュータプログラミングを学ぶ。コンピュータが、プログラムの指示どおりに動く純粋さに惹かれ、プログラマーを志望しシステム開発企業に入社。しかしその意に反し、指示どおりに動かない人間を対象にプログラミング等を教える、教育部門に配属。失意の中、先輩に恵まれ、心機一転。指示どおり動かない人や組織を、動かすための技術や技法の実験と実装を開始。その中で、生まれたのがシンプル図解のストラクチャードコミュニケーション。現在も人や組織を動かし事業や社会を変革するための仕組みや仕掛け創りにむけ、実験と実装に情熱を燃やしている。

連絡先：sca@sns.holdings
ホームページ：https://sca.sns.holdings/

企画協力　　　　　　　　　　NPO法人 企画のたまご屋さん
装丁・本文デザイン、人物イラスト　303DESiGN 竹中秀之
DTP　　　　　　　　　　　　ケイズプロダクション
装丁・本文図解　　　　　　　加島 一男

エンジニアのための新教養
□○△で描いて、その場でわかるシンプル図解
しかく まる さんかく
何でも伝え、何でもまとめるストラクチャードコミュニケーション

2021年7月19日　初　版　第1刷発行
2024年4月25日　初　版　第2刷発行

著　　　者　　加島 一男（かしま かずお）
発　行　人　　佐々木 幹夫
発　行　所　　株式会社 翔泳社（https://www.shoeisha.co.jp）
印刷・製本　　株式会社 加藤文明社印刷所

ISBN978-4-7981-7127-2　Printed in Japan